FORSCHUNGSBERICHTE DES LANDES NORDRHEIN-WESTFALEN

Herausgegeben

im Auftrage des Ministerpräsidenten Dr. Franz Meyers

von Staatssekretär Professor Dr. h. c. Dr. E. h. Leo Brandt

AF783521

DK 621.432.4:621.43.058.2

Nr. 989

Dr.-Ing. Werner Wilhelm

Aerodynamisches Institut der Technischen Hochschule Aachen

Einfluß der Spülkanalabmessungen auf den Ladungswechsel kurbelkastengespülter Zweitakt-Motoren

Als Manuskript gedruckt

WESTDEUTSCHER VERLAG / KÖLN UND OPLADEN

1961

ISBN 978-3-663-03592-3 ISBN 978-3-663-04781-0 (eBook)
DOI 10.1007/978-3-663-04781-0

Vorwort

Die vorliegende Arbeit soll als Teil des Untersuchungsprogrammes über die Strömungsvorgänge in pulsierend arbeitenden Triebwerken gewertet werden, welches z.Z. am Aerodynamischen Institut der Rheinisch-Westfälischen Technischen Hochschule Aachen durchgeführt wird.

Dem Leiter des Institutes, Herrn Prof.Dr.-Ing. F. SEEWALD bin ich zu stetem Dank für wissenschaftliche Förderung und Anregungen verpflichtet.

Ebenfalls schulde ich für Hinweise Herrn Dr.-Ing. H. ZELLER Dank.

Für experimentelle Hilfen, sowie für das Zeichnen der bildlichen Darstellungen sei an dieser Stelle Herrn Dipl.-Ing. R. JÜRGLER gedankt.

Aachen, 1958

G l i e d e r u n g

1. Einleitung

Über die Wirkung von Gasschwingungen in Saug- und Auspuffleitungen von Zweitaktmotoren auf deren Ladungswechsel sind eine größere Anzahl von Arbeiten bekannt geworden und haben die Notwendigkeit einer Abstimmung der Ladungswechselvorgänge mit den instationären Strömungsvorgängen in diesen Rohrleitungen aufgezeigt, falls man die Leistung dieser Motorenart weiter steigern will.

Bei Kurbelkasten-Zweitaktmotoren wird im allgemeinen bei den ausgeführten Baumustern die zwischen Kurbelkasten und Zylinder geschaltete Spülkanallänge aus konstruktiven Gründen kurz gehalten. Dann wird sich bei kleinen Drehzahlen, also nicht zu kurzen Spülzeiten jede Zustandsänderung im Spülkanal praktisch sofort ausgeglichen haben. Hier wird eine dynamische Einwirkung des Spülkanals auf den Ladungswechselvorgang nicht stattfinden. Erst bei hohen Drehzahlen kann die Spülzeit so kurz werden, daß die Laufzeit der Verdichtungs- und Verdünnungswellen im Spülkanal nicht mehr klein gegen die Spülzeit ist. Damit wird die Spülkanallänge einen bestimmten Einfluß auf den Ladungswechsel und nachfolgend auf die Leistungs- und Verbrauchsgrößen ausüben.

Es liegt dann nahe, daß auf den Ladungswechsel abgestimmte Spülkanalabmessungen eine Verbesserung der Leistungs- und Verbrauchsgrößen erwarten lassen. Existieren solche leistungssteigernde Spülkanalabmessungen bei möglichst geringer Drehzahlabhängigkeit, so wären diese gerade für Fahrzeugmotoren vorteilhaft, könnten der Gesamtkonstruktion des kurbelkastengespülten Zweitaktmotors eingeplant werden und wären den stark drehzahlabhängigen, abgestimmten Saug- und Auspuffrohranordnungen vorzuziehen oder könnten doch mit diesen in zweckmäßiger Weise kombiniert werden. Als abgestimmt kann ein Spülkanal bezeichnet werden, wenn die in ihm sich ausbildende instationäre Strömung den Transport von Frischladung in den Zylinder in der Art ermöglicht, daß dieser bei Abschluß der Auslaßschlitze ein Optimum an Frischladung behält. So ergaben Messungen von O. KLÜSENER und W. SCHRÖDER [12]*) an einem Zweitaktmotor Leistungsverbesserungen in einem weiten Drehzahlbereich, wenn Spülkanal und Auspuffrohr zusammen auf den Ladungswechsel abgestimmt sind. Allerdings kann aus diesen Versuchsergebnissen nicht ohne weiteres abgeschätzt werden, welche Anteile der Leistungsverbesserung einerseits auf die dyna-

---

*) Die Zahlen in eckigen Klammern [ ] weisen auf das angeführte Schrifttum hin

mische Wirkung des geschalteten Auspuffrohres und andererseits auf die des Spülkanals entfallen.

Rechnerische Untersuchungen über die instationäre Strömung in einem Spülkanal nach Methoden von E. JENNY [8] und F. SCHULTZ-GRUNOW [4] sind von J. SCHNIEWIND [14] gemacht worden. Hier wurde der Strömungsablauf in einem kurzen Spülkanal (in der üblichen eingegossenen Anordnung bei einem Motor vom Hubraum 125 [cm^3] und einer Spülkanallänge von rd. 50 [mm] Länge) bei hoher Drehzahl (n = 5000 [min^{-1}]) errechnet und gezeigt, daß der Druckverlauf im Kurbelkasten während der Spülperiode sich dann stark von dem unterscheidet, der sich ohne die rechnerische Berücksichtigung der angeführten Spülkanallänge ergab (wobei zur Ladungswechselrechnung die Methode von H. LIST [11] benützt wurde und für den Zylinderdruckverlauf während der Spülperiode vereinfachende Annahmen getroffen wurden).

Es ist also nicht zu erwarten, daß sich bei Ladungswechselrechnungen wirklichkeitstreue Kenngrößen des Ladungswechsels vorausbestimmen lassen, wenn man solche Spülkanalabmessungen vernachlässigt, von denen Einwirkungen auf den Ladungswechselvorgang erfolgen müssen. Mit Hilfe des LISTschen Laufwinkelkriteriums soll vor Ladungswechselrechnungen immer zuerst untersucht werden, ob gegebene Spülkanalabmessungen zu berücksichtigen sind.

Es ist einzusehen, daß bei gegebenen Maschinenabmessungen die Beeinflussung des Ladungswechsels nur von den geschalteten Spülkanalabmessungen und der Drehzahl abhängen kann, wenn saug- und auspuffseitig keine weiteren Rohranordnungen vorhanden sind. Weiterhin ist naheliegend, daß die strömungstechnisch richtige Ausbildung der Spülkanäle an der Mündung zum Kurbelkasten und am Austritt in den Zylinder einen mitbestimmenden Anteil an der Höhe der voraussichtlich zu erwartenden leistungssteigernden Wirkung abgestimmter Spülkanäle haben muß.

Die Abmessungen abgestimmter Spülkanäle wird man zweckmäßigerweise zuerst nach geeigneten Ersatzschwingungssystemen errechnen und sich danach der Versuchskontrolle bedienen. Rechnungen mit Hilfe der Methoden der instationären Gasdynamik können dann Aufschluß über die Einzelheiten der Strömungsvorgänge im Spülkanal und der Einwirkung auf den Ladungswechsel ergeben, sind aber zu zeitraubend, um zur Berechnung abgestimmter Spülkanalabmessungen angewandt zu werden. Hierbei wäre noch zu prüfen, ob die "akustische" Berücksichtigung der Spülkanalwirkung (bei geeigneter Wahl eines mittleren Zustandes im Spülkanal während der Spülperiode) in Verbindung mit einer bewährten Ladungswechselrechenmethode eine ausreichende Annäherung an die wirklichen Verhältnisse ergibt, so daß die Kenngrößen des Ladungswechsels und damit die Leistungs- und Verbrauchsgrößen sich mit einem erheblich geringeren Zeitaufwand vorausrechnen lassen.

2. Aufgabenstellung

An zwei kurbelkastengespülten Einzylinder-Zweitaktmotoren mit unterschiedlichem Drehzahlbereich, verschiedenartiger Gemischbildung und verschiedenem Spülsystem, einem Diesel- und einem Vergasermotor soll der Einfluß der Spülkanallänge auf die Leistung, den Luftaufwand, den stündlichen und spezifischen Brennstoffverbrauch, die mittlere Abgas- und die mittlere Kurbelkastentemperatur experimentell untersucht werden[1]. Ein dynamischer Einfluß von der Saug- und Auspuffseite her soll bei beiden Versuchsmotoren durch entsprechende Versuchsbedingungen ausgeschaltet oder doch klein gehalten werden. Beim Dieselmotor sind die Untersuchungen bei zwei in ihrer Steuerung und in ihrem wirksamen Einlaßquerschnitt verschiedenartigen Einlaßorganen, einem Saugklappenventil und einem Drehschieber durchzuführen, wobei bei veränderlicher Spülkanallänge der Spülkanalquerschnitt konstant bleiben soll. Eine Erweiterung der Untersuchungen soll durch zusätzliche, schrittweise Veränderung der Einlaßsteuerlagen des Einlaßorgans erfolgen.

Beim Vergasermotor sind die Untersuchungen bei zwei verschiedenartigen Steuersystemen der Meßspülkanäle durchzuführen (Doppelsteuerung und Einfachsteuerung der Meßspülkanäle). Oszillographische Aufnahmen des Druckverlaufes im Zylinder, Spülkanal und Kurbelkasten bei abgestimmten und nichtabgestimmten Spülkanallängen sollen die Auswirkungen der instationären Strömungsvorgänge in diesen Spülkanälen auf den Ladungswechsel zeigen.

Die Längen der abgestimmten Spülkanäle sollen bei beiden Versuchsmotoren durch vereinfachende Abschätzungsmethoden ermittelt werden. Diese Methoden sollen - mit den Meßergebnissen verglichen - auf ihre Brauchbarkeit geprüft werden.

---

1. Über die Spülkanalwirkung an Mehrzylinder-Zweitaktmaschinen werden z.Z. ebenfalls Untersuchungen am Aerodynamischen Institut, Aachen durchgeführt. Über die Ergebnisse soll gesondert berichtet werden

An mehreren Beispielen sind Ladungswechselrechnungen ohne Berücksichtigung der Rohr- und Kanaleinflüsse durchzuführen und mit den entsprechenden Messungen zu vergleichen. Zum Schluß soll der Einfluß einer bestimmten Spülkanallänge an der Vergasermaschine in einer Ladungswechselrechnung akustisch mitberücksichtigt und der zugehörigen Messung vergleichend gegenüber gestellt werden.

Daten der Versuchsmotore

Der vorgegebene Dieselmotor war wassergekühlt und stammte von der Firma Hatz mit der Typenbezeichnung B 1 S. Sein Drehzahlbereich war etwa $n \cong 800 \div 1500$ [min^{-1}]. Ein nasenförmig ausgebildeter Kolben sollte eine günstige Spülströmung im Zylinder erzielen. Die Anordnung der Spül- und Auslaßschlitze in der Zylinderbuchse nach Abbildung 3[2)] deutet aber daraufhin, daß sich in der Maschine vorwiegend eine Querspülung ausgebildet hatte. Zur Firmenausrüstung des Motors gehörte ein Saugklappenventil als Einlaßorgan zum Kurbelkasten. Als zweites Einlaßorgan[3)] wurde ein von der Kurbelwelle mittels Kette angetriebener Drehschieber verwandt. Der Einspritzbeginn wurde bei allen Versuchsreihen unverändert bei EB = 25 [^{o}KW] vor oT belassen.

Der Vergasermotor, vom Typ Stamo 360 L der Firma Fichtel & Sachs mit einem Drehzahlbereich von $n \cong 1500 \div 3000$ [min^{-1}] (die vorhandene Leistungsbremse U 1 ÷ 25 ließ allerdings nur als obere Drehzahlgrenze $n \cong 2800$ [min^{-1}] in ihrem Eichbereich zu) wurde durch ein an der Kurbelwelle angeflanschtes Gebläse luftgekühlt. Er hatte ein Dreikanalspülsystem. Sämtliche Steuerorgane waren vom Kolben gesteuerte Schlitze. Nach Angabe der Lieferfirma sollte die Schaltung einer Vergaserdüse Nr.90 bei mäßigem Brennstoffverbrauch die maximale Leistung bei allen Drehzahlen der Maschine ergeben. Die günstigste Zündeinstellung sollte bei ZB = 26 [^{o}KW] vor oT liegen.

---

2. Sämtliche Abbildungen befinden sich am Schluß der Arbeit

3. Der Drehschieber wurde am Aerodynamischen Institut, Aachen gebaut und diente ursprünglich der Durchführung anderer Untersuchungen am Hatz B 1 S

3.1 Zylinder und Kurbelkasten

Tabelle 1

Geometrische Größen an den Versuchsmotoren

Bezeichnung	Zeichen	Dim.	Diesel	Vergasermotor
Zylinderdurchmesser	D	[mm]	120	78
Hub	H	[mm]	130	75
Kurbelradius	r_p	[mm]	65	37,5
Pleuelstangenlänge	l_p	[mm]	240	130,5
Pleuelstangenverhältnis	λ_p	[-]	0,273	0,287
Kompressionsvolumen	V_c	[cm^3]	75,3	71
Hubvolumen	V_H	[cm^3]	1470	357
Schädliches Kurbelkastenvolumen der Firmenanordnung	V_{ko}	[cm^3]	6240	740

Tabelle 2

Dimensionslose Größen an den Versuchsmotoren

Bezeichnung	Zeichen	Dim.	Diesel	Vergasermotor
Geom. Verdichtungsverhältnis des Zylinders	ε_{g_z}	[-]	20,4	6,0
Eff. Verdichtungsverhältnis des Zylinders	ε_{eff_z}	[-]	15,18	4,56
Geom. Verdichtungsverhältnis des Kurbelkastens	ε_{g_k}	[-]	1,235	1,48
Bezogenes Kurbelkastenvolumen	Z_k	[-]	$4,25+\sigma$	$2,07+\sigma$
Bezogenes Zylindervolumen	Z_z	[-]	$1,55-\sigma$	$1,2-\sigma$
Bezogenes schädliches Kurbelkastenvolumen der Firmenanordnung	ε_{k_o}	[-]	4,25	2,07

Die dimensionslosen Größen der Tabelle 2 sind nach bekannten Beziehungen[4] aus den Zahlenangaben der Tabelle 1 errechnet worden.

4. Vgl. P. HADLATSCH [6] zur Bestimmung der dimensionslosen Größen

3.2 Steuerorgane

3.21 Einlaßorgane am Dieselmotor

Die Abmessungen des Saugklappenventils einschließlich des vorgeschalteten kurzen Saugrohrstutzens von l_{eko} = 120 [mm] bei d_{ek} = 82$^{\varnothing}$ [mm] sind aus Abbildung 4a ersichtlich. Der Einlaufquerschnitt des Saugklappenventils betrug $F_{kl} = 66 \cdot 10^{-4}$ [m^2], während der Ringquerschnitt aller Segmente der Grundplatte bei einem geometrischen Hub der Ventilplatten von h = 2,5 [mm] die Größe von $F_{klR} = 33 \cdot 10^{-4}$ [m^2] hatte. Gesteuert wurde das Saugklappenventil durch den Druck im Kurbelkasten. Die stationär gemessenen Durchflußzahlen $\alpha_{ek_{kl}}$ des Saugklappenventils[5] in Abhängigkeit von der Druckdifferenz ΔP kann man in Abbildung 4b ablesen. Bei bekanntem Druckverlauf im Kurbelkasten erhält man damit leicht den wirksamen Saugklappenquerschnitt F_{kl_w} während der Einlaßperiode nach der Beziehung[6]

$$F_{kl_w} = \alpha_{ek_{kl}} = \alpha^{*}_{02} \cdot F_{kl_R} \qquad [m^2] \qquad (1)$$

Die Abmessungen des Drehschiebers gehen aus der Abbildung 5a hervor. Die geometrischen Beziehungen auf Abbildung 5b liefern die freie geometrische Schieberöffnung F_{φ_s}, die hier auf den Schieberwinkel φ_s bezogen ist. Bei Berücksichtigung der Übersetzung von Kurbeltrieb zum Schieberantrieb im Verhältnis 2:1 ergab sich dann der Verlauf der freien geometrischen Schieberöffnung F_{φ_s} über dem Kurbelwinkel φ auf Abbildung 7. Die für die Versuchsdurchführung notwendige Einstellung verschiedener Einlaßsteuerlagen war durch Verdrehung des Kettenrades am Drehschieber gegen den Kurbeltrieb möglich. Die Einlaßsteuerlage γ_s [°KW] war dann die Lage der Winkelhalbierenden des Öffnungswinkels $2\varphi_{ek_s}$ zum oT.

3.22 Spül- und Auslaßschlitze am Dieselmotor

Von den Spülschlitzen (auf Abb. 3 mit S bezeichnet) war ein Spülkanal im Zylinderblock eingegossen. Die Kanallänge des Spülkanals (auf der Mittellinie des Kanals gemessen) betrug $l_{kzo} \cong$ 130 [mm] bei einem mitt-

5. Vgl. Forschungsbericht Nr.444 vom Wirtschafts- und Verkehrsministerium Nordrhein-Westfalen, in dem die im stationären Durchfluß gemessenen Durchflußzahlen aller Steuerorgane des Dieselmotors enthalten sind

6. Vgl. den angeführten Forschungsbericht Nr.444 über die Bedeutung von α^{*}_{02}

leren Kanalquerschnitt von $F_{kzo} = 3 \cdot 10 = 30$ [cm^2]. Die untere Mündung des Spülkanals (auf Abb. 3 mit M bezeichnet) war nicht gesteuert; der Spülkanal also ständig mit dem Kurbelkasten verbunden.

Den Auslaßschlitzen war ein kurzer, sich erweiternder und im Zylinderblock eingegossener Auslaßkanal von der Länge $l_{zao} = 66$ [mm] nachgeschaltet. Der Querschnitt des Auslaßkanals blieb rechteckig, bei einer Endfläche von $F_{zao} = 9{,}2 \cdot 10$ [cm^2].

Zur Bestimmung der freien geometrischen Schlitzöffnungen F_{kzS} und F_{za} als Funktionen des Kurbelwinkels φ auf Abbildung 7 wurden die von P. HADLATSCH [6] und H. ZELLER [9] aufgestellten geometrischen Beziehungen verwendet. Die Abmessungen der Spül- und Auslaßschlitze sowie die Schemen zur Bestimmung der geometrischen Schlitzöffnungen sind auf Abbildung 6 eingezeichnet.

3.23 Einlaßschlitz, Spülschlitze und Auslaßschlitz am Vergasermotor

Aus Abbildung 21 ist die Lage der Steuerschlitze im Zylinderblock zu ersehen. Der vor dem Einlaßschlitz im Zylinderblock eingegossene Einlaßkanal war $l_{eko} \cong 54$ [mm] lang. Vor den beiden Spülschlitzen (auf Abb.21 mit S bezeichnet) waren zwei Spülkanäle im Zylinderblock eingegossen. Die Kanallänge pro Spülkanal betrug $l_{kzo} \cong 64$ [mm] bei einem mittleren Kanalquerschnitt von $F_{kzo} = 4{,}15 \cdot 0{,}9$ [cm^2]. Die unteren Mündungen der beiden Spülkanäle zum Kurbelkasten hin (auf Abb.21 mit M bezeichnet) wurden von zwei scharfkantigen Öffnungen im Kolben während der Spülperiode und von der Kolbenunterkante während der Einlaßperiode, also zweimal gesteuert.

Dem Auslaßschlitz war ein kurzer, sich erweiternder und im Zylinderblock eingegossener Auslaßkanal von der Länge $l_{zao} = 40$ [mm] nachgeschaltet. Der Querschnitt des Auslaßkanals wechselte vom Rechteck auf eine runde Form am Ende des Kanals mit einem Durchmesser von $d_{zao} = 36^{\varnothing}$ [mm].

Zur Bestimmung der freien geometrischen Schlitzöffnungen F_{ek}, F_{kz_S} (an der Stelle S), F_{kzM1} und F_{kzM2} (während der Spül- und Einlaßperiode) und F_{za} als Funktionen des Kurbelwinkels φ auf Abbildung 25 wurden ebenfalls die von P. HADLATSCH [6] aufgestellten geometrischen Beziehungen verwendet. Die Abmessungen der Steuerschlitze und die Schemen zur Bestimmung der einzelnen geometrischen Schlitzöffnungen enthalten die Abbildungen 22, 23 und 24[7].

7, Siehe Seite 14

3.3 Steuerung der Versuchsmotore

Tabelle 3

Öffnungswinkel der Steuerorgane an den beiden Versuchsmotoren

Öffnungswinkel der Steuerorgane	Zeichen	Dim.	Diesel	Vergasermotor
Öffnungswinkel des Klappenventils	$2\varphi_{ek_{kl}}$	[°KW]	110	-
Öffnungswinkel des Drehschiebers	$2\varphi_{ek_s}$	[°KW]	120	-
Öffnungswinkel des Einlaßschlitzes	$2\varphi_{ek}$	[°KW]	-	126
Öffnungswinkel der Spülschlitze an der Stelle S	$2\varphi_{kz_s}$	[°KW]	120	112
Öffnungswinkel an der Stelle M während der Spülperiode	$2\varphi_{kz_{M_1}}$	[°KW]	-	132
Öffnungswinkel an der Stelle M während der Einlaßperiode	$2\varphi_{kz_{M_2}}$	[°KW]	-	206
Öffnungswinkel der Auslaßschlitze	$2\varphi_{za}$	[°KW]	140	136

Die Saugklappenventilsteuerung am Dieselmotor, die zum oT unsymmetrisch lag, konnte infolge ihrer Abhängigkeit vom Druckverlauf im Kurbelkasten nicht aus den geometrischen Daten allein bestimmt werden. Durch frühere Rechnungen und Messungen ergab sich der volle Öffnungswinkel des Saugklappenventils zu etwa $2\varphi_{ek_{kl}} = 110$ [°KW][8]. Sämtliche Steuerwinkel auf den Abbildungen 7 und 24 wurden ab uT gezählt.

Für die Versuchsdurchführung am Dieselmotor wurde der Pumpenregler der Brennstoffpumpe ausgeschaltet und durch eine von Hand betätigte Feinreglervorrichtung ersetzt, die die Regelung der Brennstoffmenge bis zur Erreichung der Rauchgrenze ermöglichte[9].

7. Die stationär gemessenen Durchflußzahlen der Steuerschlitze des Vergasermotors sind im demnächst erscheinenden Forschungsbericht des Wirtschaftsministeriums Nordrhein-Westfalen enthalten: "Über den Einfluß von Auspuffrohrabmessungen", Nr. 588

8. Vgl. hierzu Forschungsbericht Nr. 444, wo ein Beispiel für die Saugklappenventilsteuerung am Dieselmotor eingezeichnet ist

9. Vgl. hierzu den angeführten Forschungsbericht Nr. 444

4. Versuchseinrichtungen

Für die Versuchsdurchführung an den beiden Versuchsmotoren standen zwei Versuchsstände zur Verfügung, deren schematischer Aufbau aus den Abbildungen 1 und 19 zu ersehen ist. Die Position der Meßstellen geht aus den Abbildungen 2 und 20 hervor.

4.1 Versuchsstand des Dieselmotors

Infolge der beiden verschiedenartigen Einlaßorgane (Saugklappenventil und Drehschieber) waren zwei verschiedene Anschlüsse an den Saugkessel erforderlich, die auf den Abbildungen 8a und b dargestellt sind. Diese waren in ihren Abmessungen so gehalten, daß eine dynamische Wirkung auf den Ladungswechsel der Maschine als vernachlässigbar klein angesehen werden durfte. Hinter den Einlaßorganen zum Kurbelkasteneingang hin mußte ein Vorsatzstück angebracht werden, in dem sich ein Druckmeßstutzen und die Mündungsbohrung M der Meßspülkanäle befanden. Dieses Vorsatzstück vergrößerte das schädliche Kurbelkastenvolumen gegenüber dem der Firmenanordnung. Eine weitere Vergrößerung des schädlichen Kurbelkastenvolumens ergab sich durch die Volumina der angeflanschten Meßspülkanäle, so daß die Versuchsergebnisse bei veränderlicher Spülkanallänge gleichzeitig als Kurven veränderlicher schädlicher Kurbelkastenvolumen angesehen werden müssen. Bei den auf Abbildung 9 dargestellten Meßspülkanalanordnungen ergaben sich folgende Abmessungen für die schädlichen Kurbelkastenvolumina[10)] (s.Tab.4).

Die bei allen Versuchen unverändert belassenen Abmessungen des Auspuffstutzens nach Abbildung 8c waren ebenfalls derart gehalten, daß mit einer dynamischen Wirkung auf den Ladungswechsel nicht zu rechnen war und der Auspuff in die freie Atmosphäre angenähert verwirklicht wurde. Der Querschnitt der Meßspülkanäle (s.dazu Abb.9a und b) blieb unverändert $F_{kz} = 32 \cdot 10^{-3}$ [m^2]. Hinter den Spülschlitzen an der Stelle S der Abbildung 9 in einer Entfernung von ca. 100 [mm] von der Zylinderinnenwand war ein Druckmeßstutzen zur Bestimmung des Spülkanaldruckes P_{kz} angeschweißt.

10. In den ε_k^* Werten der Tabelle 4 wurde der verschlossene Teil des Ausgangsspülkanals l_{kzo} subtrahiert

Tabelle 4

Veränderung der schädlichen Kurbelkastenvolumina beim Dieselmotor durch Vorsatzstück und veränderliche Spülkanallängen; bei einmaliger Steuerung der Spülkanäle

Saugklappenventil am Einlaß	Spülkanallänge [mm]	Bez. schädl. Kurbelk.-Vol. $\varepsilon_k^* V_k^*/V_H$ [-]	Vergrößerung von ε_k^* [%]
Ausgangsmaschine ohne Vorsatzstück nach Abbildung 3	$l_{kzo}=130$	$\varepsilon_{k_o} = 4,25$	-
Spülkanalanordnungen nach Abbildung 9 mit Vorsatzstück $\Delta V_k = 0,66 \cdot 10^{-3}$ [m^3] bei einem Spülkanalquerschnitt von $F_{kz} = 32 \cdot 10^{-4}$ [m^2]	$l_{kz1}=346$	$\varepsilon_k^* = 5,28$	24,5
	$l_{kz2}=452$	$\varepsilon_k^* = 5,52$	30,0
	$l_{kz3}=605$	$\varepsilon_k^* = 5,85$	38,0
	$l_{kz4}=720$	$\varepsilon_k^* = 6,10$	43,5
	$l_{kz5}=925$	$\varepsilon_k^* = 6,55$	54,0
Drehschieber am Einlaß			
Spülkanalanordnungen nach Abbildung 9 mit Vorsatzstück $\Delta V_k = 0,33 \cdot 10^{-3}$ [m^3] bei einem Spülkanalquerschnitt von $F_{kz} = 32 \cdot 10^{-4}$ [m^2]	$l_{kz1}=346$	$\varepsilon_k^* = 5,07$	19,0
	$l_{kz2}=452$	$\varepsilon_k^* = 5,30$	25,0
	$l_{kz3}=605$	$\varepsilon_k^* = 5,63$	32,0
	$l_{kz4}=720$	$\varepsilon_k^* = 5,88$	38,5
	$l_{kz5}=925$	$\varepsilon_k^* = 6,33$	49,0

4.2 Versuchsstand des Vergasermotors

Auf Abbildung 26a und b sind die bei der Versuchsdurchführung geschalteten zwei unterschiedlichen Saugrohranordnungen angeführt. Der Anordnung in Abbildung 26a war ein Saugkessel von $V_s = 0,43$ [m^3] angeschlossen. Damit wurde die erste Saugrohrlänge $l_{ek} = 263$ [mm] lang bei einem mittleren Rohrdurchmesser von ca. $d_{ek_m} \cong 30^{\varnothing}$ [mm]. Die Abbildung 26b zeigt die zweite Saugrohranordnung ohne Saugkesselanschluß mit einer Gesamtrohrlänge von $l_{ek} = 173$ [mm] und einem mittleren Rohrdurchmesser von ca. $d_{ek_m} \cong 26^{\varnothing}$[mm]. Die bei allen Versuchen an der Vergasermaschine unverändert belassenen Abmessungen der Auspuffseite enthält die Abbildung 26c. Auch hier darf mit einer Annäherung an die Verhältnisse beim freien Auspuff gerechnet werden. Der Abgaskessel hatte die Größe V_a = 0,04 [m^3].

Die Anordnungen und Abmessungen der Meßspülkanäle bei Einfach- und Doppelsteuerung der Spülkanäle gehen aus der Abbildung 27a und b hervor. Da die Versuchsmaschine im Anlieferungszustande eine Doppelsteuerung der Spülkanäle l_{kzo} besaß, mußte zur Verwirklichung der Einfachsteuerung der Spülkanäle der Kurbelkasten angebohrt werden. Um beim Ausgangsspülkanal l_{kzo} eine Einfachsteuerung zu verwirklichen, wurden die scharfkantigen Öffnungen im Kolben bis zur Kolbenunterkante aufgeschnitten. Im Falle der Doppelsteuerung war der Spülkanalquerschnitt je Spülkanal F_{kz} = 4,6·1,0 = 4,6 [cm^2] und im Falle der Einfachsteuerung F_{kz} = 3,1·1,5 = 4,65 [cm^2] groß. Der Spülkanaldruck P_{kz} wurde in einer Entfernung von 50 [mm] bzw. 65 [mm] (bei Einfachsteuerung) von der Zylinderinnenwand am dort angeschweißten Meßstutzen aufgenommen. Im Falle der Einfachsteuerung wurde infolge der Zuschaltung der Meßspülkanalvolumina der schädliche Kurbelkastenraum nach den in der Tabelle 5 aufgeführten Werten vergrößert.

T a b e l l e 5

Veränderung der schädlichen Kurbelkastenvolumina durch die veränderlichen Spülkanallängen beim Vergasermotor; bei einmaliger Steuerung der Spülkanäle

	Spülkanal-länge [mm]	Bez. schädl. Kurbelk.-Vol. $\varepsilon_k^* = V_k^*/V_H$ [-]	Vergrößerung von ε_k^* [%]
Ausgangsmaschine bei geschlitztem Kolben	l_{kzo} = 64	ε_k^* = 2,07	-
Spülkanalanordnungen nach Abbildung 27b bei einem Spülkanalquerschnitt von F_{kz} = 3,1·1,5 [cm^2]	l_{kz1} =140	ε_k^* = 2,37	14,5
	l_{kz2} =170	ε_k^* = 2,45	18,4
	l_{kz3} =210	ε_k^* = 2,55	23,0
	l_{kz4} =250	ε_k^* = 2,65	28,0
	l_{kz5} =290	ε_k^* = 2,76	33,5
	l_{kz6} =360	ε_k^* = 2,87	39,0
	l_{kz7} =400	ε_k^* = 3,05	47,5

In der Tabelle 5 ist jeweils das Volumen zwei gleichlanger Spülkanäle berücksichtigt.

Auch im Falle der Doppelsteuerung der Spülkanäle nach Abbildung 27a wurde durch das Zuschalten der Meßspülkanäle das schädliche Kurbelkastenvolumen vergrößert, da während des Einlaßvorganges Spülkanal und Kurbelkasten miteinander verbunden waren und nur während der Kompressions- und Expansionsperiode im Kurbelkasten eine zeitweilige Trennung von Spülkanal- und Kurbelkastenvolumen erfolgte (s.Abb. 25).

4.3 Meßgeräte

Die an der Welle der Versuchsmaschinen abgegebene Leistung wurde beim Diesel- und Vergasermotor mit einer Schenck-Wasserwirbelbremse vom Typ U 1 ÷ 25 gemessen. Der Wasserzulauf zu den Bremsen erfolgte bei gleichbleibendem Wasserdruck mittels Überlaufbehälter. Die Brennstoffmengenbestimmung geschah mit Brennstoffmeßständen, die mit verschiedenen kalibrierten Glasgefäßen ausgestattet waren. Für genaue Drehzahlmessungen wurden Stichdrehzählwerke von Irion & Vosseler verwendet. Die vom Dieselmotor angesaugte Luftmenge wurde wegen der zu erwartenden kleinen Re-Zahlen im Luftmeßrohr mit einer Viertelkreisdüse vom Öffnungsverhältnis m = 0,16 und beim Vergasermotor mit einer Normalblende vom Öffnungsverhältnis m = 0,216 gemessen. Geeignete und geeichte Thermoelemente dienten der Bestimmung der mittleren Abgas- und der mittleren Kurbelkastentemperatur bei beiden Motoren. Ein Mehrschleifenoszillograph der Firma Siemens mit Gleichspannungsverstärker[11)] ermöglichte die Aufnahme des Druckverlaufes an den in den Meßstellenschemen der Abbildungen 2 und 20 bezeichneten Stellen. Die Totpunktmarkierung vermittelte ein induktiver Geber der Firma Staiger & Mohilo, der ohne Verstärkung unmittelbar an eine Schleife des Oszillographen geschaltet wurde. Die statische Eichung der Quarzgeber wurde durch einen besonderen Eichstand vorgenommen.

4.4 Allgemeines zu den Messungen

Alle Versuche wurden bei Vollast gefahren. Von Versuchen im Teillastgebiet wurde abgesehen. Als Vollast wurde beim Dieselmotor die Rauchgrenze und beim Vergasermotor die Last an der Bremse angesehen, die noch bei vollständig geöffnetem Vergaser im Drehzahlbereich des Motors bewältigt werden konnte. Der Dieselmotor wurde mit konstanter Kühlwassertemperatur von ca. 75 [°C] gefahren. Die auf den Abbildungen 10 und 28 dargestellten Ausgangsmaschinenkennfelder der beiden Versuchsmotore waren nicht iden-

11. Der Gleichspannungsverstärker wurde von Herrn Dipl.-Ing. K.STÜLPNER am Aerodynamischen Institut, Aachen entwickelt

tisch mit den entsprechenden Firmenkennfeldern, weil beide Versuchsmotore nicht mit den von den Lieferfirmen vorgesehenen Auspuffanordnungen für die vorliegenden Versuchsreihen gefahren werden konnten. Dazu mußten noch einige Veränderungen an den Saugseiten der Versuchsmotore angebracht werden, die ebenfalls nicht den Firmenangaben entsprachen.

Für den Luftaufwand L wurde als Ansaugezustand der Außenzustand am Meßtag berücksichtigt und keine Umrechnung auf einen gemeinsamen Bezugszustand vorgenommen. Die Definition des Außenzustandes als Ansaugezustand war zulässig, da kein Unterschied des Außenzustandes gegenüber dem Saugkesselzustand beobachtet werden konnte. Die beim Dieselmotor definierten Ausgangsmaschinenanordnungen bestanden aus den auf Abbildung 8 dargestellten Saug- und Auspuffabmessungen, die bei allen Versuchen beibehalten wurden. Die der Ausgangsmaschinenanordnung zugehörige Spülkanallänge war hier die der Firmenanordnung von l_{kzo} = 130 [mm] nach Abbildung 3.

Beim Vergasermotor unterschieden sich die Abmessungen der Saugseite bei den beiden Ausgangsmaschinenanordnungen nach der Abbildung 26a und b während die Auspuffabmessungen nach Abbildung 26c beibehalten wurden. Zweifellos übten die beiden auf Abbildung 26 beschriebenen Saugrohranordnungen einen unterschiedlichen dynamischen Einfluß auf den Ladungswechsel der Vergasermaschine aus, wie denn auch die unterschiedlichen Ausgangskennfelder auf den Abbildungen 28 und 35 beweisen. Als Ausgangsspülkanallänge wurde die der Firmenanordnung von l_{kzo} = 64 [mm] definiert.

Die nach den Abbildungen 9 und 27 angeflanschten Meßspülkanäle am Diesel- und Vergasermotor waren bei den vorliegenden Versuchsreihen vorerst nicht nach dem Gesichtspunkt einer möglichst günstigen strömungstechnischen Ausführung ausgebildet. Es kann erwartet werden, daß sich bei besserer Strömungsführung in den Spülkanälen sowohl beim Diesel- als auch beim Vergasermotor noch weitere Leistungsverbesserungen erzielen lassen. Eine genaue Fixierung des aufgenommenen Druckverlaufes aus den Oszillogrammen konnte nur in der Richtung des Kurbelwinkels mit Hilfe der bekannten Steuerdaten der Versuchsmotore und der mitaufgenommenen Totpunktmarkierung vorgenommen werden. Mit Fehlern bei der Eintragung der Eichdrucklinien in horizontaler Richtung mußte gerechnet werden, da die Lage der atmosphärischen Linie nur an Anhaltspunkten geschätzt werden konnte.

5. Messungen an der Einzylinder-Zweitakt-Dieselmaschine

5.1 Einfluß der Spülkanallänge auf die Kennfeldgrößen bei Vollast (Rauchgrenze); Maschine mit Saugklappenventil am Einlaß

Durch eine Reihe von Kennfeldaufnahmen bei Schaltung der auf Abbildung 9a dargestellten Meßspülkanäle konnte schrittweise der Einfluß kontinuierlich veränderter Spülkanallängen auf den Verlauf der Kennfeldgrößen der Dieselmaschine mit Saugklappenventil ermittelt werden[12].

Das Ergebnis dieser Untersuchungen ist auf Abbildung 10a bis c zusammengefaßt. Die Abbildung 10a stellt das Kennfeld der Ausgangsmaschinenanordnung mit den Rohranschlüssen nach Abbildung 8 und dem Spülkanal l_{kzo} der Firmenanordnung dar (s.Def.in Abschn. 4.4). In der Abbildung 10b sind folgende Kennfeldgrößen als Linien konstanter Drehzahlen über der Spülkanalverlängerung l_{kz}/l_{kzo} aufgetragen:

Der mittlere effektive Arbeitsdruck p_e $[kg/cm^2]$,der spezifische Brennstoffverbrauch b_e [gr/PSeh], der stündliche Brennstoffverbrauch B_e [kg/h], der Luftaufwand L vom Ansaugezustand, die mittlere Abgastemperatur T_{abgm} $[^oK]$ und die mittlere Kurbelkastentemperatursteigerung $\Delta T_{km} = T_k - T_a$ $[^oC]$ bei $n = 1500$ $[min^{-1}]$.

In der Abbildung 10c ist ein Vergleich des Ausgangsmaschinenkennfeldes mit dem Kennfeld der im Mittel günstigsten Spülkanalanordnung $l_{kz}^* \cong 452$ [mm] durchgeführt.

Die bei bestimmten Spülkanallängen aufgetretenen Leistungsmaxima auf der Abbildung 10b sind durch strichpunktierte Kurven verbunden. Nach Definition legen diese ausgezeichneten Kurven auch die abgestimmten Spülkanallängen l_{kz}^* fest, die für die aufgetretenen Leistungssteigerungen verantwortlich waren. Gegenüber der Ausgangsmaschinenanordnung war im Bereich der abgestimmten Spülkanallängen nach Abbildung 10b der stündliche Brennstoffverbrauch B_e bei allen Drehzahlen auf ein Optimum gestiegen, während der spezifische Brennstoffverbrauch b_e z.T. gefallen war. Der Luftaufwand L zeigte im mittleren und höheren Drehzahlbereich mit steigender Spülkanallänge l_{kz}/l_{kzo} eine fallende Tendenz, während seine Absolutwerte bei kleinen Drehzahlen gestiegen waren. Vergleicht man den Verlauf dieser Luftaufwandkurven mit denen bei schrittweiser Vergrößerung des schädlichen Kurbelkastenraumes (s.hierzu den angeführten Forschungsbericht

---

12. Diese Untersuchungen sind von H. JEUCK als Dipl.-Arbeit am Aerodynamischen Institut, Aachen durchgeführt worden

Nr. 444, wo diesbezügliche experimentelle Untersuchungen gemacht wurden), so stellt man eine fast vollständige Übereinstimmung fest. Damit ist die Ursache der fallenden Luftaufwandwerte mit steigender Spülkanallänge in erster Linie in der Vergrößerung des schädlichen Kurbelkastenraumes durch die angeflanschten Meßspülkanalvolumina (s. hierzu Tab. 4) und damit in der Verschlechterung des Liefergrades der Kurbelkastenpumpe zu suchen. Gelänge es mit Hilfe konstruktiver Maßnahmen der Verkleinerung des Liefergrades der Kurbelkastenpumpe bei abgestimmten Spülkanallängen entgegenzuwirken, so wäre es denkbar, daß der Effekt der Leistungssteigerung vermittels abgestimmter Spülkanäle noch verbessert werden könnte. Relativ zu den Abgastemperaturen der Ausgangsmaschinenanordnung bewies der Verlauf der mittleren Abgastemperaturen im Bereich der Leistungsmaxima, daß die Ladungsmenge und die Ladungszusammensetzung im Zylinder nach Abschluß der Auslaßschlitze sich geändert haben müssen. Da Leistungssteigerungen eingetreten waren, müssen größere Ladungsmengen im Zylinder verbrannt sein. Die Kurve des Verlaufes der mittleren Kurbelkastentemperatursteigerung bei $n = 1500$ [min^{-1}] (Betriebsdrehzahl) zeigte im Bereich des für diese Drehzahl abgestimmten Spülkanals ein Minimum (auf die Darstellung des Kurbelkastentemperaturverlaufes bei anderen Drehzahlen ist verzichtet worden). Hieraus läßt sich schließen, daß die Rückströmung von heißen Abgasen aus dem Zylinder bei Spülbeginn gering sein mußte und damit die Frischladung nur wenig verunreinigt werden konnte.

Die sehr geringe Drehzahlabhängigkeit der auf der Abbildung 10b aufgezeigten abgestimmten Spülkanallängen weist die Schaltung solcher Spülkanäle als besonders geeignet für Fahrzeugmotoren aus. Gerade im oberen Drehzahlbereich (s. dazu Abb. 10c) sind Leistungssteigerungen gegen die Ausgangsmaschinenanordnung bis etwa 15 [%] bei vermindertem spezifischem Brennstoffverbrauch zu verzeichnen.

Zum Ausgangsmaschinenkennfeld auf der Abbildung 10a sei abschließend bemerkt, daß die an sich hohen Luftaufwandwerte im höheren Drehzahlbereich, verbunden mit geringen mittleren effektiven Arbeitsdrücken auf eine schlechte Spülform in der Maschine schließen lassen. Wahrscheinlich wird infolge der in der Maschine sich ausgebildeten Querspülung ständig ein großer Abgasrest im Zylinder verblieben sein, der nicht ausgespült werden konnte.

5.2 Druckverlauf im Kurbelkasten und Spülkanal

Oszillogramme des Druckverlaufes im Kurbelkasten und Spülkanal sind bei drei charakteristischen Spülkanalanordnungen (s. dazu auch Abb. 10b) bei etwa derselben Drehzahl und bei Vollast aufgenommen worden[13]. Gewählt wurden die Ausgangsmaschinenanordnung mit der Spülkanallänge l_{kzo} = 130 [mm], die Maschinenanordnung mit dem nichtabgestimmten Spülkanal l_{kz} = 346 [mm] und die Anordnung mit dem abgestimmten Spülkanal $l_{kz}^{*} \cong 452$ [mm] bei der Betriebsdrehzahl $n \cong 1500$ [min^{-1}]. Das Meßergebnis enthalten die Abbildungen 12, 13 und 14. Die Übertragung und Normierung dieser Messungen auf den Bezugsdruck P_o = 10 000 [kg/m^2] erfolgte in der Abbildung 11b bis 11d. Abbildung 11a zeigt einen Vergleich des gemessenen und gerechneten Druckverlaufes im Kurbelkasten, der im nachfolgenden noch besprochen wird.

Auf der Abbildung 11b erkennt man, daß während der Spülperiode bereits im Ausgangsspülkanal l_{kzo} der Spülkanaldruck P_{kz} Abweichungen vom Kurbelkastendruck P_k zeigte und der Spülkanaldruckverlauf die Form einer gedämpft abklingenden Schwingung aufwies. Nach der Abbildung 11c und d sind dann ganz deutlich starke Druckschwankungen im nichtabgestimmten und abgestimmten Spülkanal eingetreten. Diese lassen auf starke Beschleunigungen der strömenden Gasmassen in diesen Spülkanälen schließen. Entscheidend für die Wirkung der geschalteten Spülkanäle war aber zweifellos die zeitliche Zuordnung des durch diese Beschleunigungsvorgänge bewirkten Transportes von Frischladung in den Zylinder zum Öffnungsquerschnitt der Spülschlitze während der Spülperiode. Da der Spülkanal l_{kz}^{*} = 452 [mm] sich nach Abbildung 10 als der günstigste erwiesen hat, muß der Druckverlauf P_{kz} in diesem Spülkanal nach der Abbildung 11d auch als der günstigste angesehen werden. Eine Rückwirkung der Vorgänge in den Spülkanälen auf den Kurbelkastendruckverlauf konnte aus den angeführten Abbildungen kaum abgelesen werden. Desgleichen scheint eine Einwirkung auf den Einlaßvorgang nur in der Festlegung der Anfangswerte bei $E_ö$ zu bestehen. Die Verschlechterung des Liefergrades der Kurbelkastenpumpe mit der Vergrößerung der angeflanschten Spülkanalvolumina läßt sich aus der Höhe des Kurbelkastendruckes P_k bei $Ü_ö$ in den Abbildungen b, c und d ablesen.

---

13. Oszillogramme des Zylinderdruckverlaufes konnten an der Dieselmaschine nicht gemacht werden, da sich Schwierigkeiten bei der Anbringung eines Meßstutzens am Zylinderblock ergaben

5.3 Einfluß der Spülkanallänge bei verschiedenen Einlaßsteuerlagen auf die Kennfeldgrößen bei Vollast (Rauchgrenze); Maschine mit Drehschieber am Einlaß

Die Untersuchungsergebnisse bei symmetrisch gesteuertem Drehschieber am Einlaß (Einlaßsteuerlage $\gamma_s = 0$ [°KW]) zeigt Abbildung 15a bis c[14]. In der Abbildung 15a ist wieder das Kennfeld der Ausgangsmaschinenanordnung mit den Rohranschlüssen nach Abbildung 8 und dem Spülkanal $l_{kzo} = 130$ [mm] der Firmenanordnung dargestellt. Vergleicht man die Absolutwerte der Kennfeldgrößen in dieser Abbildung mit denen der Ausgangsmaschinenanordnung bei Saugklappenventilschaltung nach der Abbildung 10a, so lassen sich z.T. beträchtliche Unterschiede feststellen. Als Ursache darf die unterschiedliche Einlaßsteuerlage des Drehschiebers und der verkleinerte wirksame Einlaßquerschnitt gegenüber dem Saugklappenventil (s.dazu den angef. Forschungsbericht Nr. 444) angesehen werden. Die Leistungsmaxima auf der Abbildung 10b sind durch eine strichpunktierte Kurve miteinander verbunden, welche in der Abszisse l_{kz}/l_{kzo} wieder die abgestimmten Spülkanallängen l_{kz}^* festlegt. Im Vergleich zur Abbildung 10b sieht man, daß bei symmetrischer Einlaßsteuerlage die abgestimmten Spülkanäle länger sein mußten als bei Klappenventilsteuerung und nur eine ausgezeichnete Kurve der Leistungsmaxima im experimentell erfaßten Spülkanallängenbereich existierte. Die Drehzahlabhängigkeit der abgestimmten Spülkanallängen ist auch hier gering. Die Leistungssteigerung im oberen Drehzahlbereich bei dem abgestimmten Spülkanal $l_{kz}^* = 605$ [mm] relativ zur Ausgangsmaschinenanordnung betrug etwa 21 [%] bei vermindertem spezifischen Brennstoffverbrauch, wie aus der Abbildung 10c entnommen werden kann. Für den spezifischen und stündlichen Brennstoffverlauf, den Luftaufwand, die mittlere Abgas- und die mittlere Kurbelkastentemperatur gelten dieselben Betrachtungen wie in Abschnitt 5.1.

Weitere Versuchergebnisse bei verschiedenen unsymmetrischen Einlaßsteuerlagen des Drehschiebers, aufgetragen über der Spülkanalverlängerung l_{kz}/l_{kzo}, enthält Abbildung 18a bis c. Für die Versuchsdurchführung waren folgende Einlaßsteuerlagen gewählt worden: $\gamma_s = 36$ [°KW] vor oT, $\gamma_s = 18$ [°KW] vor oT und $\gamma_s = 18$ [°KW] nach oT. Die diesen einzelnen Einlaßsteuerlagen zugeordneten Ausgangsmaschinenkennfelder unterschieden sich natürlich untereinander. Bei sämtlichen Einlaßsteuerlagen existierte

14. Die Untersuchungen bei zusätzlich verschiedenen Einlaßsteuerlagen und Drehschieberanordnung am Einlaß sind von E. HÖLLER als Dipl.-Arbeit am Aerodynamischen Institut, Aachen durchgeführt worden

je eine ausgezeichnete Kurve der Leistungsmaxima im experimentell erfaßten Spülkanallängenbereich. Die Lage dieser Maximakurve hing allerdings von der gewählten Einlaßsteuerlage ab. Aber auch die zur jeweiligen Ausgangsmaschinenanordnung definierte relative Leistungssteigerung bei gleichen Drehzahlen war eine Funktion der Einlaßsteuerlage.

Man erkennt, daß mit Veränderung der Einlaßsteuerlage in Richtung auf oT hin die Länge der abgestimmten Spülkanäle zunahm. Zur Verdeutlichung dieser Beobachtung ist auf der Abbildung 18d der Verlauf der Kennfeldgrößen bei der Betriebsdrehzahl $n = 1500$ $[min^{-1}]$ über der Spülkanalverlängerung l_{kz}/l_{kzo} bei den angeführten Einlaßsteuerlagen eingetragen. So zeichnete sich die Anordnung mit der Einlaßsteuerlage $\gamma_s = 36$ $[^oKW]$ vor oT durch eine relative Leistungssteigerung gegenüber der ihr zugeordneten Ausgangsmaschinenanordnung von ca. 33 [%] als besonders vorteilhaft aus. Als Ursache für die Unterschiede dieser Leistungssteigerungen bei veränderlicher Einlaßsteuerlage dürften wohl die mit der Einlaßsteuerlage gleichzeitig geänderten Ansaugbedingungen im Kurbelkasten anzusehen sein.

5.4 Druckverlauf im Kurbelkasten und Spülkanal

Auch bei Drehschieberanordnung am Einlaß und bei symmetrischer Einlaßsteuerlage wurde für zwei charakteristische Spülkanalanordnungen der Druckverlauf im Kurbelkasten und Spülkanal aufgenommen. Als Maschinenbetriebszustand wurde wieder Vollast und etwa die Betriebsdrehzahl $n = 1500$ $[min^{-1}]$ ausgewählt. Die der oszillographischen Messung zugrunde gelegten Spülkanalanordnungen (s.dazu auch Abb.15b) waren: die Ausgangsmaschinenanordnung mit der Firmenspülkanallänge $l_{kzo} = 130$ [mm] und die Maschinenanordnung mit dem etwa abgestimmten Spülkanal $l_{kz}^* = 605$ [mm]. Abbildung 17 zeigt das oszillographische Meßergebnis. Während die normierte Übertragung der Kurbelkasten- und Spülkanaldrücke auf der Abbildung 16a und b erfolgte.

Nach der Abbildung 16a ist bereits bei der Ausgangsspülkanalanordnung l_{kzo} eine Abweichung des Spülkanaldruckes P_{kz} vom Kurbelkastendruck P_k zu beobachten. Der Druckverlauf im abgestimmten Spülkanal $l_{kz}^* = 605$ [mm] nach der Abbildung 16b zeigte im Vergleich zu den entsprechenden Messungen bei Saugklappenventil (s.Abb. 11) wieder das Bild einer schwingenden Gassäule. Im Gegensatz zum Meßergebnis bei Saugklappenventil bewirkten die Vorgänge im Spülkanal hier eine stärkere Rückwirkung auf den Druckverlauf im Kurbelkasten während der Spülperiode.

6. Messungen an der Einzylinder-Zweitakt-Vergasermaschine

6.1 Einfluß der Spülkanallänge auf die Kennfeldgrößen bei Vollast; Doppelsteuerung der Spülkanäle

Die Untersuchungen wurden hier bei Schaltung der Meßspülkanalanordnungen nach der Abbildung 27a durchgeführt. Diese Spülkanalanordnungen erlaubten die Beibehaltung der Doppelsteuerung der Spülkanäle, wie sie die Firmenausführung für die Spülkanallänge l_{kzo} vorsah. Die unverändert belassenen Ansaugrohr- und Auspuffabmessungen zeigt die Abbildung 25a und c. Die gewonnenen Versuchsergebnisse sind auf der Abbildung 28a, b, c und d zusammengefaßt[15)].

In der Abbildung 28a ist das Ausgangsmaschinenkennfeld mit der Firmenspülkanalanordnung $l_{kzo} = 64$ [mm] (nach Abb.21) dargestellt. Die Abbildung 28b zeigt wieder über der Spülkanalverlängerung l_{kz}/l_{kzo} als Abszisse die Kennfeldgrößen als Linien konstanter Drehzahlen.

Wieder traten bei bestimmten Spülkanallängen, den abgestimmten Spülkanälen l_{kz}^{*} relativ zur Leistung der Ausgangsmaschine Leistungssteigerungen auf, deren Optima durch eine strichpunktierte Kurve verbunden wurden. Auch hier weist die geringe Drehzahlabhängigkeit der abgestimmten Spülkanallängen auf die besondere Eignung für Fahrzeugmotoren hin. Die Leistungssteigerungen durch die abgestimmten Spülkanallängen liegen etwa in der Größenordnung 6 ÷ 9 [%] gegenüber der Ausgangsmaschinenleistung. Gleichzeitig war der spez. Brennstoffverbrauch auf etwa 7 ÷ 10 [%] gegenüber dem der Ausgangsmaschine gefallen. Der den maximalen Leistungen zugeordnete Luftaufwand war infolge der durch die angeflanschten Meßspülkanäle zwangsläufig vergrößerten schädlichen Kurbelkastenvolumina (und den zusätzlichen Strömungswiderständen in den verlängerten Spülkanälen) geringfügig gefallen. Da die Vergasermaschine ihr Gemisch außen vor den Einlaßschlitzen zum Kurbelkasten bereitete, war mit verringertem Luftaufwand auch der stündliche Brennstoffverbrauch niedriger geworden. Die im Bereich der maximalen Leistungen stark angestiegenen mittleren Abgastemperaturen bewiesen aber, daß trotz verringertem Ladungstransports durch die Maschine während des Ladungswechselvorganges die im Zylinder verbliebenen Frischladungsmengen bei Abschluß der Auslaßschlitze relativ zur Ausgangsmaschine gestiegen sein müßten. In der Ab-

---

15. Die Untersuchungen bei Doppelsteuerung der Spülkanäle am Vergasermotor wurden von K. KÜHN als Dipl.-Arbeit am Aerodynamischen Institut, Aachen durchgeführt

bildung 28c ist noch ein Vergleich des Ausgangsmaschinenkennfeldes mit dem Kennfeld bei Schaltung des Meßspülkanals l_{kz} = 120 [mm] (ungefähr abgestimmte Spülkanallänge) durchgeführt worden. Man erkennt hier noch einmal deutlich die über dem gesamten Drehzahlbereich der Versuchsmaschine leistungssteigernde und brennstoffersparende Wirkung dieses Spülkanals.

In der Abbildung 28d ist das Kennfeld der Ausgangsmaschine mit dem bei Schaltung des Meßspülkanals l_{kz} = 140 [mm] gemessenen Kennfeld bei gleichzeitiger Veränderung der Vergaserdüsengrößen in einem sogenannten Muschelschaubild vergleichend dargestellt. Man sieht, daß bei sämtlichen Vergaserdüsenschaltungen beachtliche Leistungssteigerungen und Brennstoffverminderungen durch die Wirkung dieses Spülkanals eingetreten waren. Man erkennt aus der Abbildung 28d ferner, daß die relativen Leistungssteigerungen noch von der Vergaserdüsengröße abhingen, so daß man also einen zusätzlichen Einfluß des durch die Vergaserdüsengröße bedingten Mischungsverhältnisses annehmen muß.

Es muß hier noch bemerkt werden, daß die im Vergasermotor vorgesehene Dreikanalspülung schon nahe an die Qualität der bekannten Umkehrspülung grenzte und die Ausgangsmaschine schon damit eine verhältnismäßig gute Spülung - im Gegensatz zum Dieselmotor B 1 S - besaß.

Die auf der Abbildung 27a angeführten Meßspülkanäle waren zweifellos strömungstechnisch ungünstig ausgebildet und die scharfkantigen Mündungen der Spülkanäle an den Stellen M (s. dazu Abb.21) wirkten stark dämpfend auf die Schwingungsvorgänge in den Spülkanälen während der Spülperiode.

6.2 Druckverlauf im Zylinder, Kurbelkasten und Spülkanal

Oszillographische Druckmessungen im Zylinder, Spülkanal und Kurbelkasten wurden für zwei charakteristische Spülkanalanordnungen (s. dazu auch Abb. 28b) an der Vergasermaschine bei Doppelsteuerung der Spülkanäle vorgenommen und als Betriebszustand der Maschine für diese Messungen wurden $n \cong 2600$ [min^{-1}] und Vollast gewählt. Die betreffenden ausgewählten Spülkanalanordnungen waren die Ausgangsspülkanalanordnung l_{kzo} = 64[mm] (Firmenanordnung) und die Spülkanalanordnung mit dem etwa abgestimmten Spülkanal l_{kz} = 170 [mm].

Das Ergebnis der oszillographischen Messung enthalten die Abbildungen 30 und 31, während die auf den Bezugsdruck P_o = 10 000 [kg/m^2] normierten Drücke in Abbildung 29 a und b eingezeichnet wurden.

Bereits bei der Ausgangsspülkanalanordnung auf der Abbildung 29a zeigten sich während der Einlaß- und Spülperiode starke Unterschiede im Druckverlauf (P_k und P_{kz}). Man erkennt z.B. deutlich die durch die kurzfristige Trennung des Spülkanals vom Kurbelkastenraum bedingte Einwirkung auf den Spülkanaldruck. Dieser ist in diesem Zeitabschnitt etwa konstant geblieben. Die starke Druckabsenkung im Spülkanal kurz vor uT wirkte sich auf den Zylinderdruck P_z mit einem Druckanstieg aus. Einwirkungen auf den Kurbelkastendruckverlauf vom Spülkanal her sind auf der Abbildung 29a nicht zu erkennen.

Auf der Abbildung 29b hat der Spülkanaldruckverlauf P_{kz} im Spülkanal l_{kz} = 170 [mm] während der Spülperiode die Form einer stark gedämpften Schwingung. Es sind starke Einwirkungen auf den Zylinderdruck P_z in diesem Zeitabschnitt zu erkennen. Infolge des Rückströmens von Zylinderladung in den Spülkanal ist kurz nach $Üö_s$ eine starke Druckspitze im Spülkanaldruckverlauf ersichtlich. Der Ausgleich dieser Druckspitze erfolgte praktisch erst kurz vor uT. Hier hatte sich eine starke Druckabsenkung im Spülkanal ausgebildet, die mit einer starken Beschleunigung der strömenden Gasmassen verbunden sein mußte. Die im ersten Abschnitt der Spülperiode auftretende tiefe Druckabsenkung im Zylinder deutet zusätzlich auf eine gute Entleerung des Zylinders von Restgasen hin, bevor der eigentliche Ladevorgang einsetzen konnte. Im Vergleich zu den Vorgängen in den Spülkanälen des untersuchten Dieselmotors sind die instationären Strömungsvorgänge in den Spülkanälen des Vergasermotors durch die mit der Doppelsteuerung der Spülkanäle verbundenen besonderen Randbedingungen an den beiden Mündungen als wesentlich komplizierter anzusehen.

6.3 Einfluß der Spülkanallänge auf die Kennfeldgrößen bei Vollast; Einfachsteuerung der Spülkanäle

Die den Meßreihen bei Einfachsteuerung der Spülkanäle[16)] zugrundegelegten Meßspülkanalanordnungen gehen aus Abbildung 27b hervor. Die Meßspülkanäle waren also ständig mit dem Kurbelkastenvolumen - analog den Verhältnissen beim Dieselmotor B 1 S - verbunden und der dämpfende Einfluß an der Mündungssteuerung M bei Doppelsteuerung ausgeschaltet. Weiterhin war der Spülkanalquerschnitt gegenüber den Querschnittsanordnungen bei Doppelsteuerung zwar nicht in seiner Flächenabmessung, wohl aber in seiner Querschnittsform günstiger gestaltet worden. Durch diese Änderun-

16. Die Untersuchungen bei Einfachsteuerung der Spülkanäle am Vergasermotor wurden von K. SEMRAU als Dipl.-Arbeit am Aerodynamischen Institut, Aachen durchgeführt

gen der Versuchsbedingungen war zu erwarten, daß das Schwingungssystem "Kurbelkasten-Spülkanal-Zylinder" bei Einfachsteuerung sich anders verhalten würde, als das bei Doppelsteuerung der Spülkanäle. Die Saugrohranordnung dieser Meßreihen entsprach den Angaben auf der Abbildung 26b, während die Auspuffabmessungen unverändert nach der Abbildung 26c belassen wurden.

Abbildung 35a, b, c und d enthält zusammengefaßt die Versuchsergebnisse der Einfachsteuerung der Spülkanäle. Die Abbildung 35a zeigt das Kennfeld der für diese Versuchsreihen definierten Ausgangsmaschinenanordnung mit der Ausgangsspülkanallänge l_{kzo} = 64 [mm]. Die Einfachsteuerung für diese Ausgangsspülkanallänge wurde durch Aufschlitzung des Kolbens erreicht. Ein Vergleich mit dem Ausgangsmaschinenkennfeld bei Doppelsteuerung der Spülkanäle auf Abbildung 28a zeigt beträchtliche Unterschiede, besonders im unteren Drehzahlbereich. Die Abbildung 35b zeigt wieder über der Spülkanalverlängerung l_{kz}/l_{kzo} die Kennfeldgrößen als Linien konstanter Drehzahlen. Der Verlauf der Luftaufwandwerte konnte nicht bestimmt werden, da bei diesen Versuchsreihen kein Saugkessel mit Luftmeßvorrichtung vorgeschaltet war.

Bei bestimmten und auf den Ladungswechsel der Maschine abgestimmten Spülkanallängen traten wieder - relativ zur Leistung der Ausgangsmaschine - Leistungssteigerungen auf. Ihre relative Höhe zur Ausgangsmaschine war bedeutend größer als bei Doppelsteuerung der Spülkanäle (vgl. dazu Abb. 28b). Allerdings trat die Abstimmung - besonders im höheren Drehzahlbereich - erst bei etwas größeren Spülkanallängen als im Falle der Doppelsteuerung ein; die Dämpfungsvorgänge in diesen Spülkanalsystemen mußten also etwas geringer in ihrer Wirkung als bei Doppelsteuerung der Spülkanäle sein.

Die Leistungssteigerungen bei abgestimmten Spülkanallängen im höheren Drehzahlbereich lagen hier etwa bei 10 [%] bei einer Verminderung des spez. Verbrauches von ca. 10 [%] gegen die Ausgangsmaschinenwerte. Die im Bereich der maximalen Leistungen gestiegenen Abgastemperaturen (relativ zu den Ausgangswerten) lassen wieder darauf schließen, daß die im Zylinder bei Abschluß der Auslaßschlitze verbliebenen Frischladungsmengen größer sein mußten als bei der Ausgangsmaschine.

Die Abbildung 35c zeigt einen Vergleich des Ausgangsmaschinenkennfeldes (s. dazu Abb.35a) mit dem Kennfeld bei Schaltung der etwa abgestimmten Spülkanallänge l_{kz} = 140 [mm]. Man erkennt deutlich die leistungssteigernde und brennstoffsparende Wirkung dieses Spülkanals über dem gesamten Drehzahlbereich der Versuchsmaschine.

Aus der Abbildung 35d entnimmt man, daß bei den verschiedenen Vergaserdüsengrößen die Schaltung z.B. des Spülkanals l_{kz} = 170 [mm] im einzelnen unterschiedliche Leistungssteigerungen und Brennstoffverminderungen relativ zu den Leistungs- und Brennstoffwerten der Ausgangsmaschine (Doppelsteuerung der Ausgangsspülkanallänge l_{kzo}, bei gleicher Saug- und Auspuffanordnung) bewirkt hatte. Hieraus darf in etwa wieder auf den zusätzlichen Einfluß des Mischungsverhältnisses geschlossen werden[17)].

6.4 Druckverlauf im Zylinder, Kurbelkasten und Spülkanal

Bei Einfachsteuerung der Spülkanäle wurden oszillographische Aufnahmen des Druckverlaufes im Zylinder, Kurbelkasten und Spülkanal für die etwa abgestimmte Spülkanalanordnung l_{kz} = 170 [mm] (s. auch Abb.35) beim Maschinenbetriebszustand n = 2646 [min^{-1}] und Vollast durchgeführt. Das oszillographische Meßergebnis enthält Abbildung 37. Die auf den Bezugsdruck P_o = 10 000 [kg/m^2] normierten Drücke dieser Messung wurden in Abbildung 36 eingezeichnet. Infolge der geringen Verstärkung der oszillographischen Zylinderdruckmessung ist der auf Abbildung 36 übernommene Zylinderdruckverlauf mit einer starken Unsicherheit behaftet. Der Druckverlauf im Spülkanal P_{kz} auf Abbildung 36 zeigte während der Spülperiode wieder die Erscheinungsform einer gedämpften Schwingung. Die steile Druckabsenkung vor uT deutete wieder auf eine starke Beschleunigung der strömenden Gasmassen durch den Spülkanal hin. Einwirkungen auf den Kurbelkastendruckverlauf P_k sind in diesem Zeitabschnitt nicht zu erkennen.

17. Die nach Abschluß dieser Arbeit am Vergasermotor durchgeführten Untersuchungen mit kombiniert geschalteten Saugrohren und einfach gesteuerten Spülkanälen haben gezeigt, daß die leistungssteigernde Wirkung abgestimmter Spülkanäle noch vermittels auf den Einlaßvorgang abgestimmter Saugrohre erhöht werden kann, daß aber auch ungünstige Saugrohrabmessungen die günstige Wirkung abgestimmter Spülkanäle fast ganz aufheben können

7. Rechenergebnisse

7.1 Ermittlung der abgestimmten Spülkanallängen nach Abschätzungsmethoden und Vergleich mit den Messungen

Um einen ersten qualitativen Einblick zu vermitteln, wurde der Überströmvorgang vom Kurbelkasten über den Spülkanal zum Zylinder durch ein einfaches Ersatzschwingungssystem beschrieben.

Setzt man lineare Elastizität, lineare Dämpfung und konstante Dichte auch bei größeren Schwingungsamplituden voraus, so läßt sich der kubische Resonator von HELMHOLTZ[18] als einfachstes Ersatzschwingungssystem für den wirklichen Überströmvorgang ansetzen. Die sich im Ersatzschwingungssystem ausbildende Schwingung kann während des größten Teiles der "Spülzeit" als eine freie Schwingung angesehen werden. Während dieser Zeit gilt nämlich für den Zylinderdruckverlauf annähernd, daß dieser fast konstant in der Nähe des atmosphärischen Druckes verbleibt. Nur bei Beginn der "Spülperiode" wird sich infolge der im Kurbelkasten vorgespannten Frischladung eine erzwungene Schwingung ausgebildet haben.

Im Ersatzschwingungssystem sei die Gasmasse im Spülkanal die schwingende Masse, während das Gasvolumen des Kurbelkastens als Feder angesehen werden kann.

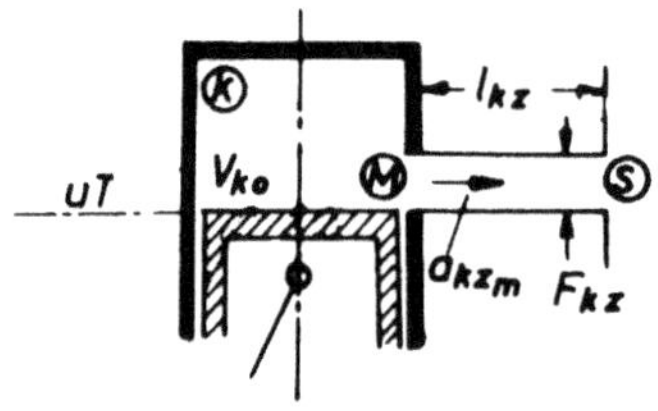

B i l d 1

Schema des Ersatzschwingungssystems "Kurbelkasten-Spülkanal"

Bild 1 zeigt das Schema des angenommenen Ersatzschwingungssystems.

Man erhält bekanntlich die Eigenfrequenz ν_0 des kubischen Resonators nach der Beziehung

$$\nu_0 = \frac{\alpha_{kz\,m}}{2\pi} \cdot \sqrt{\frac{F_{kz}}{V_{ko}}} \cdot \frac{1}{\sqrt{l_{kz}}} \qquad [\mathrm{sec}^{-1}] \tag{2}$$

18. Der Ansatz des kubischen Resonators als Ersatzschwingungssystem für die Vorgänge im Spülkanal ist nach einem Vorschlag von Herrn Prof. Dr.-Ing. F. SEEWALD getroffen worden

Da in der Nähe von uT praktisch kaum eine Veränderung des Kurbelkastenvolumens erfolgt, darf für das in Gleichung (2) einzusetzende Kurbelkastenvolumen dessen Wert bei uT (V_{ko}) als konstant über die gesamte "Spülzeit" angenommen werden.

Zur Bestimmung der mittleren Schallgeschwindigkeit a_{kz_m} im Spülkanal müssen mittlere Werte der Spülkanaltemperatur T_{kz_m} zugrunde gelegt werden.

Für die Erregerfrequenz ν_r des Ersatzschwingungssystems gilt:

$$\nu_r = \frac{6n}{2\varphi_{kz}} \qquad [sec^{-1}] \qquad (3)$$

Im Resonanzfalle ist $\nu_o = \nu_r$. Damit ergibt sich aus Gleichung (2) und (3) eine Beziehung für die abgestimmte Spülkanallänge l_{kz}^*

$$l_{kz}^* = a_{kz_m}^2 \cdot \frac{(2\varphi_{kz})^2 \cdot F_{kz}}{4\pi^2 \cdot 36 \cdot V_{ko}} \quad \frac{1}{n^2} = a_{kz_m}^2 \cdot C_{kz} \cdot \frac{1}{n^2} \qquad [m] \qquad (4)$$

wobei sich der Faktor C_{kz} hauptsächlich aus den geometrischen Daten der Versuchsmaschine zusammensetzt

$$C_{kz} = \frac{(2\varphi_{kz})^2 \cdot F_{kz}}{4\pi^2 \cdot 36 \cdot V_{ko}} \qquad [m^{-1}] \qquad (5)$$

Für den <u>Dieselmotor</u> ergab sich bei Annahme einer mittleren Schallgeschwindigkeit im Spülkanal von $a_{kz_m} \cong 370$ [m/s] (bei $T_{kz_m} \cong 340$ [°K]) dieser Faktor, multipliziert mit dem Quadrat der Schallgeschwindigkeit, zu

$$C_{kz} \cdot a^2_{kz_m} = 7{,}1 \cdot 10^5 \qquad [m \cdot min^{-2}] \qquad (6)$$

und für den <u>Vergasermotor</u> bei einer mittleren Schallgeschwindigkeit von $a_{kz_m} \cong 380$ [m/s] (bei ca. $T_{kz_m} \cong 360$ [°K]) ein Wert von

$$C_{kz} \cdot a^2_{kz_m} = 8{,}07 \cdot 10^5 \qquad [m \cdot min^{-2}] \qquad (6b)$$

Dann erhält man die in den folgenden Tabellen 6 und 7 angeführten Längen der abgestimmten Spülkanäle $l_{kz_{ger}}^*$ bei beiden Versuchsmotoren. In den nachfolgenden Bildern 2 bis 5 sind die aus den Abbildungen 10, 15, 28 und 35 entnommenen empirisch aufgefundenen Spülkanallängen im Abstimmungsfalle bei beiden Versuchsmotoren mit den durch das Ersatzschwingungssystem errechneten in einem Drehzahl-Spülkanallängenschaubild vergleichend eingetragen.

T a b e l l e 6

Dieselmotor	
n $[min^{-1}]$	l^*_{kz}/l_{kzo} gerechnet
1500	2,6
1400	2,91
1300	3,46
1200	4,06
1100	4,82

T a b e l l e 7

Vergasermotor	
n $[min^{-1}]$	l^*_{kz}/l_{kzo} gerechnet
2800	1,61
2600	1,88
2400	2,19
2200	2,6
2000	3,15

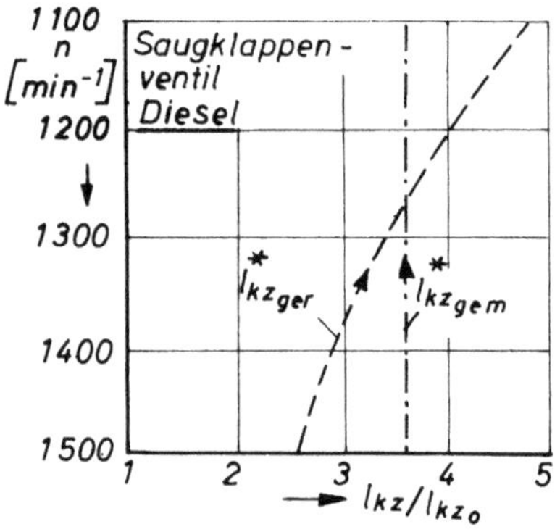

B i l d 2

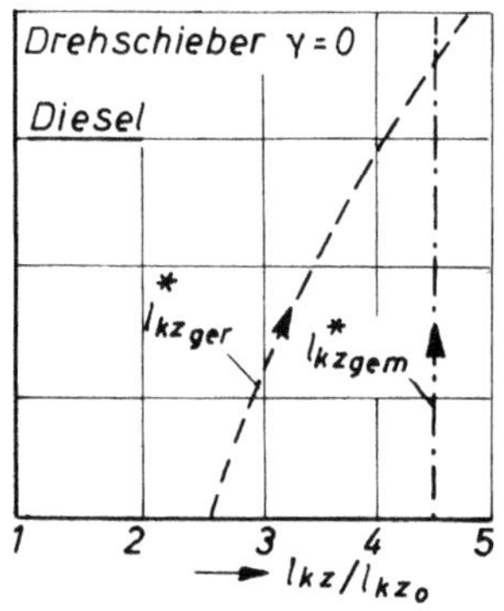

B i l d 3

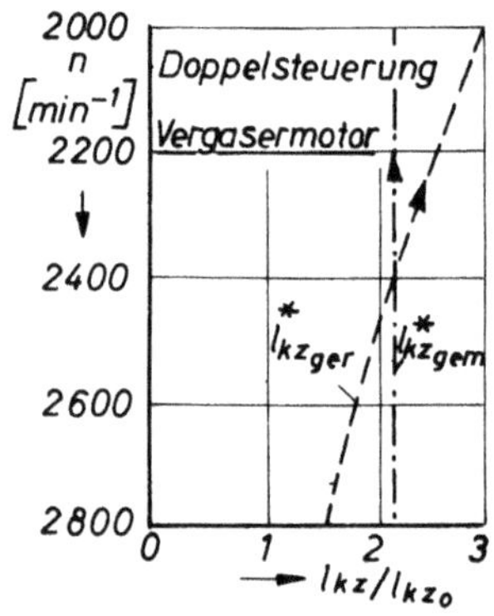

B i l d 4

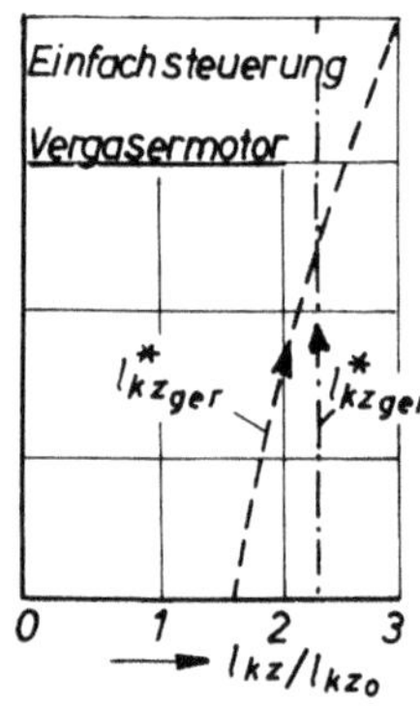

B i l d 5

Größere Abweichungen gegenüber den empirisch ermittelten abgestimmten Spülkanallängen zeigten sich im oberen und unteren Drehzahlbereich der beiden Versuchsmaschinen. Bei mittleren Drehzahlen der betrachteten Drehzahlbereiche stimmten die errechneten Abstimmungslängen mit den empirisch ermittelten gut überein.

7.2 Ladungswechselrechnungen ohne Berücksichtigung der Rohr- und Kanaleinflüsse beim Diesel- und Vergasermotor

Um die Wirklichkeitstreue der Ladungswechselrechenmethode nach P. HADLATSCH [6] zu zeigen, wurden an drei Beispielen, für den Dieselmotor mit Saugklappenventil- und Drehschieberanordnung am Einlaß (hier der Fall der symmetrischen Einlaßsteuerlage des Drehschiebers) und für die Vergasermaschine, je eine Ladungswechsel-, Leistungs- und Verbrauchsrechnung durchgeführt. Die Ladungswechselrechenmethode nach [6] berücksichtigt allerdings nicht die Einflüsse irgendwelcher Rohre und Kanäle an der Einlaß-, Spül- und Auslaßseite. Deshalb wurden zum Vergleich mit den

Rechenergebnissen die Meßergebnisse an den in dieser Arbeit definierten Ausgangsmaschinenanordnungen (s. dazu Abb.8 und 26) herangezogen, da der Einfluß jener Rohr- und Kanalanordnungen als weitgehend vernachlässigbar angesehen werden durfte.

Durch die Ladungswechselrechnung erhält man bekanntlich schrittweise den Druck-, Temperatur- und Gewichtsverlauf der arbeitenden Gase im Kurbelkasten und Zylinder während der Gaswechselperiode, wenn man von verläßlichen Anfangswerten im Kurbelkasten und Zylinder ausgeht, die durch empirische Formeln genügend genau bestimmt werden können.

Alle Größen der Rechnung wurden auf den Bezugszustand P_o = 10 000 [kg/m²] und T_o = 293 [°K] bezogen, der auch für die Darstellung der Meßergebnisse auf den Abbildungen 11, 16, 29 gewählt wurde.

7.21 Ladungswechselrechnung für den Dieselmotor

Bei der Durchführung der Kurbelkasteneinlaßrechnung wurden die stationär gemessenen Durchflußzahlen des Saugklappenventiles nach Abbildung 4 mitberücksichtigt. Ebenfalls wurden die stationär gemessenen Durchflußzahlen der Spül- und Auslaßschlitze in die Gaswechselrechnung während der Spülperiode (s. dazu den angeführten Forschungsbericht Nr. 444) eingegliedert.

Ein Teilergebnis der durchgeführten Ladungswechselrechnung[19] bei Saugklappenventilanordnung am Einlaß, nämlich der Druckverlauf im Zylinder und Kurbelkasten bei n = 1500 [min^{-1}] und Vollast wurde zum Vergleich mit der oszillographischen Druckmessung im Kurbelkasten (der Zylinderdruckverlauf konnte am Dieselmotor nach den Ausführungen in Abschn. 5.2 nicht gemessen werden) auf Abbildung 11a eingezeichnet. Auf die bildliche Kurvendarstellung des Gewichts- und Temperaturverlaufes im Zylinder und Kurbelkasten als einem weiteren Ergebnis der durchgeführten Ladungswechselrechnung wurde hier verzichtet. Man entnimmt aus der Abbildung 11a eine verhältnismäßig gute Übereinstimmung des gemessenen und gerechneten Kurbelkastendruckverlaufes. Die Rechnung des Kurbelkastendruckverlaufes während der Einlaßperiode berücksichtigte nicht den zusätzlichen Einfluß der oszillierenden Bewegung der Ventilplättchen des Saugklappenventiles auf die angesaugte Luftmenge und damit auf den Druckverlauf im Kurbelkasten bei laufender Maschine. Weiterhin enthielt die Rechnung nicht die

19. Die Rechnung wurde von H. HEUCK als Dipl.-Arbeit am Aerodynamischen Institut, Aachen durchgeführt

Trägheitswirkung der Ventilplättchen gegen Ende der Einlaßperiode, die zu einer zeitlich verzögerten Schließung des Saugklappenventiles führen mußte, was aus der Abbildung 11a deutlich (im Vergleich mit dem Rechenergebnis) zu erkennen ist. Vergleicht man den in der Abbildung 11b eingezeichneten gemessenen Druckverlauf im Spülkanal l_{kzo} der Ausgangsmaschinenanordnung mit dem errechneten Druckverlauf im Kurbelkasten aus der Abbildung 11a, so darf aus der Verschiedenheit dieser beiden Druckverläufe - besonders während der Spülperiode - nicht erwartet werden, daß die errechneten Kenngrößen des Ladungswechsels auf der nachfolgenden Tabelle 8 genau den tatsächlichen Kenngrößen entsprechen werden, was sich u.a. auch im Rechenergebnis der Leistungs- und Verbrauchsgrößen ausgewirkt hat. Der gerechnete Druckverlauf im Kurbelkasten und Zylinder bei Drehschieberanordnung am Einlaß auf der Abbildung 16a entstammt als Teilergebnis ebenfalls einer durchgeführten Ladungswechselrechnung bei $n = 1500$ [min^{-1}] und Vollast[20].

Zur Vereinfachung dieser Ladungswechselrechnung wurden allerdings die aus den gemessenen stationären Durchflußzahlen der Steuerschlitze (s.dazu den angeführten Forschungsbericht Nr. 444) gemittelten Durchflußzahlen berücksichtigt, was im allgemeinen nach Untersuchungen von E. NIEDERMAYER [4] zulässig ist. Es ergaben sich etwa die folgenden mittleren Durchflußzahlen für die durchgeführte Ladungswechselrechnung:

für den Drehschieber am Einlaß	$\alpha_{ek_m} = 0{,}80$
für die Spülschlitze an der Stelle S	$\alpha_{kz_m} = 0{,}60$
für die Auslaßschlitze	$\alpha_{za_m} = 0{,}90$

Man erkennt aus der Abbildung 16a eine gute Übereinstimmung des gemessenen und gerechneten Kurbelkastendruckverlaufes.

Die Berechnung der Kenngrößen des Ladungswechsels, der Leistungs- und Verbrauchsgrößen für beide Dieselmaschinenanordnungen erfolgte nach bekannten Beziehungen und Definitionsgleichungen [5], [7], [9], [11] nach jeweils durchgeführter Ladungswechselrechnung. Die Leistungs- und Verbrauchsrechnung stützte sich im wesentlichen auf geschätzte Werte des Luftfaktors λ, des Wirkungsgrades der vollkommenen Maschine η_v und des Gütegrades η_s. Die Ladungswechselarbeit p_l wurde durch die Verminderung des Mitteldruckes der Reibungsarbeit p_r mitberücksichtigt. Es ergaben sich in den Tabellen 9 und 11 damit sofort die Größen p_i, b_i statt der

20. Die Rechnung wurde von W. BUSCH als Dipl.-Arbeit am Aerodynamischen Institut, Aachen durchgeführt

Größen p_{i-1}, b_{i-1} usw., die die Ladungswechselarbeit nicht enthalten (Bezeichnungsweise von H. LIST [11]). H. LIST [11] zeigt in Kurvendarstellungen die Ergebnisse von Untersuchungen an einer Reihe ähnlicher Maschinen, die die Abhängigkeit des Gütegrades η_g, des Wirkungsgrades der vollkommenen Maschine η_v und des indizierten Brennstoffverbrauches b_i vom Luftfaktor λ abzugreifen gestattet und die für die Abschätzung der angeführten Werte für die vorliegende Dieselmaschine herangezogen wurden. Für den Mitteldruck der Verlustleistung wurde der Wert $p_v \cong 1{,}0$ [kg/cm²] angenommen. Der Leistungs- und Verbrauchsrechnung war ein Kraftstoff mittlerer Zusammensetzung mit folgenden Daten zugrunde gelegt worden:

H_u	=	10 000	[kcal/kg]	Unterer Heizwert,
$\gamma_{öl}$	=	0,825	[kg/dm³]	Spezifisches Gewicht,
L_{min}	=	12,8	[m³/kg]	Mindestluftmenge bei P_o = 10 000 [kg/m²] T_o = 293 [°K]

Die nachfolgenden Tabellen 8 und 10 enthalten die aus den durchgeführten Ladungswechselrechnungen ermittelten Kenngrößen des Ladungswechsels in der Dieselmaschine mit Saugklappenventil- und Drehschieberanordnung am Einlaß. Als einziger vergleichbarer Meßwert konnte hier nur der Luftaufwand L angeführt werden. Auf die experimentelle Bestimmung der übrigen Kenngrößen des Ladungswechsels war - da nicht zur Aufgabenstellung dieser Arbeit gehörig - verzichtet worden, zudem diese bekanntlich nur mit großem Aufwand gemessen werden können. Gemessener und errechneter Luftaufwand stimmen in den beiden angeführten Tabellen gut überein.

Die Tabellen 9 und 11 zeigen denn den Vergleich der errechneten und gemessenen Leistungs- und Verbrauchsgrößen. Die etwas größeren Unterschieder der Meß- und Rechenwerte hier dürften hauptsächlich durch die ungenaue Schätzung des Verbrennungsvorganges bedingt sein.

T a b e l l e   8

Errechnete und gemessene Kenngrößen des Ladungswechsels der Dieselmaschine mit Saugklappenventil bei n = 1500 $[min^{-1}]$ und Vollast; Rechnung ohne Berücksichtigung der Rohr- und Kanalanordnungen der Ausgangsmaschine; Messung enthält den Einfluß der Ausgangsmaschinenrohr- und Kanalanordnungen

Nr.	Kenngrößen des Ladungswechsels	Zeichen	Dim.	Rechenwerte	Meßwerte
1	Drehzahl	n	$[min^{-1}]$	1500	1500
2	Scheinbarer Spülwirkungsgrad bei As	$\eta_{s(As)}$	[-]	0,759	-
3	Scheinbare Frischladung bei As	$G_{zL(As)}$	[kg]	$0,767 \cdot 10^{-3}$	-
4	Luftaufwand, auf Außenzustand am Meßtag bezogen (B_a, t_a)	L	[-]	0,683	0,695
5	Ladegrad	η_d	[-]	0,55	-
6	Rückgeströmtes, reines Abgas	G_{R1}	[kg]	$0,01138 \cdot 10^{-3}$	-
7	Rückgeströmte Zylinderladung	G_{R2}	[kg]	$0,00805 \cdot 10^{-3}$	-
8	Rückgeströmte Abgasmenge	G_R	[kg]	$0,01332 \cdot 10^{-3}$	-
9	Auf Zylindervolumen bezogene Abgasmenge	L_R	[-]	0,00702	-
10	Wahrer Spülwirkungsgrad bei As	$\eta^*_{s(As)}$	[-]	0,753	-
11	Wahre Frischladung bei As	$G^*_{zL(As)}$	[kg]	$0,762 \cdot 10^{-3}$	-
12	Verunreinigungsgrad	η_{RK}	[-]	0,00965	-

Tabelle 9

Errechnete und gemessene Leistungs- und Verbrauchsgrößen der Dieselmaschine mit Saugklappenventil bei n = 1500 [min^{-1}] und Vollast; Rechnung unter Voraussetzung wie bei Tabelle 8

Nr.	Leistungs- und Verbrauchsgrößen	Zeichen	Dim.	Rechenwerte	Meßwerte
1	Drehzahl	n	[min^{-1}]	1500	1500
2	Luftfaktor	λ	[-]	~ 2,0	-
3	Wirkungsgrad der vollkommenen Maschine	η_v	[-]	0,575	-
4	Gütegrad	η_g	[-]	0,77	-
5	Innenwirkungsgrad	η_i	[-]	0,443	-
6	Auf Innenleistung bezogener Kraftstoffverbr.	b_i	[kg/Psih]	0,142	-
7	Mittlerer indiz. Arbeitsdruck	p_i	[kg/cm^2]	3,5	-
8	Mittlerer effektiver Arbeitsdruck	p_e	[kg/cm^2]	2,5	2,32
9	Spezifischer Brennstoffverbrauch	b_e	[gr/PSeh]	199	203
10	Stündlicher Brennstoffverbrauch	B_e	[kg/h]	2,44	2,32

Tabelle 10

Errechnete und gemessene Kenngrößen des Ladungswechsels der Dieselmaschine mit Drehschieber bei n = 1500 [min^{-1}] und Vollast; Rechnung ohne Berücksichtigung der Rohr- und Kanalanordnungen der Ausgangsmaschine, Messung enthält den Einfluß der Ausgangsmaschinenrohr- und Kanalanordnungen

Nr.	Kenngrößen des Ladungswechsels	Zeichen	Dim.	Rechenwerte	Meßwerte
1	Drehzahl	n	[min^{-1}]	1500	1500
2	Scheinbarer Spülwirkungsgrad bei As	$\eta_{s(As)}$	[-]	0,716	-
3	Scheinbare Frischladung bei As	$G_{zL(As)}$	[kg]	$0{,}687 \cdot 10^{-3}$	-
4	Luftaufwand vom Außenzustand am Meßtag (Ba, ta)	L	[-]	0,698	0,715
5	Ladegrad	η_d	[-]	0,56	-
6	Rückgeströmtes, reines Abgas	G_{R1}	[kg]	$0{,}02855 \cdot 10^{-3}$	-
7	Rückgeströmte Zylinderladung	G_{R2}	[kg]	$0{,}04051 \cdot 10^{-3}$	-
8	Rückgeströmte Abgasmenge	G_R	[kg]	$0{,}04068 \cdot 10^{-3}$	-
9	Auf Zylindervolumen bezogene Abgasmenge	L_R	[-]	0,0236	-
10	Wahrer Spülwirkungsgrad bei As	$\eta^*_{s(As)}$	[-]	0,693	-
11	Wahre Frischladung bei As	$G^*_{zL(As)}$	[kg]	$0{,}666 \cdot 10^{-3}$	-
12	Verunreinigungsgrad	η_{RK}	[-]	0,0318	-

Tabelle 11

Errechnete und gemessene Leistungs- und Verbrauchsgrößen der Dieselmaschine mit Drehschieber bei n = 1500 $[min^{-1}]$ und Vollast; Rechnung unter Voraussetzung wie bei Tabelle 10

Nr.	Leistungs- und Verbrauchsgrößen	Zeichen	Dim.	Rechenwerte	Meßwerte
1	Drehzahl	n	$[min^{-1}]$	1500	1500
2	Luftfaktor	λ	[-]	2,0	-
3	Wirkungsgrad der vollkommenen Maschine	η_v	[-]	0,575	-
4	Gütegrad	η_g	[-]	0,77	-
5	Innenwirkungsgrad	η_i	[-]	0,443	-
6	Auf Innenleistung bezogener Kraftstoffverbr.	b_i	[kg/PSih]	0,142	-
7	Mittlerer indiz. Arbeitsdruck	p_i	$[kg/cm^2]$	3,37	-
8	Mittlerer effektiver Arbeitsdruck	p_e	$[kg/cm^2]$	2,37	2,09
9	Spezifischer Brennstoffverbrauch	b_e	[gr/PSeh]	202	212
10	Stündlicher Brennstoffverbrauch	B_e	[kg/h]	2,34	2,14

7.22 Ladungswechselrechnung für den Vergasermotor

Der gerechnete Druckverlauf im Kurbelkasten und Zylinder, eingezeichnet auf der Abbildung 32a, ist das Teilergebnis der Ladungswechselrechnung am Vergasermotor bei n = 2646 $[min^{-1}]$ und Vollast. Der Ladungsgewicht- und Temperaturverlauf im Kurbelkasten, sowie der Ladungsgewicht- und Spülwirkungsgradverlauf im Zylinder ist aus Abbildung 34 zu ersehen[21)].

Zur Vereinfachung der Rechnung waren auch hier wieder mittlere Durchflußzahlen der Steuerschlitze berücksichtigt worden:

für den Einlaßschlitz	α_{ek_m}	= 0,65
für die Spülschlitze an der Stelle S (s. dazu Abb.21)	α_{kz_m}	= 0,65
für den Auslaßschlitz	α_{za_m}	= 0,56

Die durchgeführte Ladungswechselrechnung vernachlässigte wieder die Rohr- und Kanalanordnungen, mit denen die Maschine bei der Vergleichsmeßanordnung nach Abbildung 21 und Abbildung 26a und c ausgerüstet war. Bei der Messung wird die beachtliche Saugrohrlänge der Meßanordnung von l_{ek} = 263 [mm] bei einem mittleren Rohrdurchmesser von $d_{ek_m} \cong 30^{\varnothing}$ [mm] einen merklichen Einfluß auf den Ladungswechsel der Maschine ausgeübt haben. Der Laufwinkel einer Welle in diesem Saugrohr ist von der Größenordnung φ_L = 12,5 [°KW], wodurch die nach H. LIST [11] bestimmte zulässige Grenze von $\varphi_L \leqq 10$ [°KW] (als Kriterium, bis zu welcher Länge Rohreinflüsse vernachlässigt werden dürfen) überschritten wurde. Man erkennt nun auf der Abbildung 32a eine verhältnismäßig gute Übereinstimmung von gerechneten und gemessenem Druckverlauf im Kurbelkasten und Zylinder während der Spülperiode. Die Abweichungen des errechneten Kurbelkastendruckes zum gemessenen während der Einlaßperiode lassen sich vornehmlich durch die in der Rechnung nicht berücksichtigte Saugrohrwirkung erklären. Man sieht, daß der gemessene Kurbelkastendruck gegen Ende der Einlaßperiode stärker angestiegen ist, als die Rechnung angab.

Die nachfolgende Tabelle 12 enthält die aus der durchgeführten Ladungswechselrechnung ermittelten Kenngrößen des Ladungswechsels im Vergleich mit dem Meßergebnis (hier wieder nur der Luftaufwand L).

Für die Leistungs- und Verbrauchsrechnung ergab sich der Luftfaktor λ nach einer Beziehung aus [9] zu

---

21. Die Rechnung wurde von U. ROTH als Dipl.-Arbeit am Aerodynamischen Institut, Aachen durchgeführt

$$\lambda = \frac{G_{zl(As)} - B_z}{B_z \cdot L_{min}} \tag{7}$$

Es bedeuten hier L_{min} [kg/kg] die Mindestluftmenge und B_z [kg/h] die tatsächlich im Zylinder verbrannte Brennstoffmenge, die man durch die bekannte Beziehung nach H. LIST [11]

$$B_z = \frac{\eta_d \cdot \eta^*_{s(As)} \cdot B_e}{L} \qquad [kg/h] \tag{8}$$

erhielt. B_e [kg/h] ist in der Gleichung (8) der gemessene, stündliche Brennstoffverbrauch, der von der Vergaserdüesengröße (neben Belastung und Drehzahl) abhing.

Der Wirkungsgrad der vollkommenen Maschine η_{v-l} (der Index -l bedeutet, daß die Werte ohne Berücksichtigung der Ladungswechselarbeit p_l angegeben sind) konnte wiederum nach Erfahrungswerten für ähnliche Verbrennungssysteme, z.B. nach F.A.F. SCHMIDT [5] oder nach H. LIST [3] in Abhängigkeit von ε_{eff_z} und λ entnommen werden. Der Gütegrad η_{g-l} ließ sich aus Versuchsergebnissen von U. SCHMIDT, OSWALD und TOMALLA (s. dazu H. LIST [11]) für Dreikanalspülung entnehmen. Der Mitteldruck der Ladungswechselarbeit wurde aufgrund von Messungen an ähnlichen Maschinen nach H. LIST [11] zu $p_l \cong 0{,}3$ [kg/cm²] angenommen. Der Mitteldruck der Verlustarbeit $p_v = p_r + p_g + p_L$ war experimentell zu $p_v \cong 0{,}84$ [kg/cm²] bestimmt worden. Er setzt sich aus dem Mitteldruck der Reibungsarbeit p_r, dem Mitteldruck der Pumpenarbeit p_g der Kurbelkastenpumpe und dem Mitteldruck der Lüfterarbeit p_L des Kühlgebläses zusammen. Der Leistungs- und Verbrauchsrechnung war ein Kraftstoff mittlerer Zusammensetzung mit den folgenden Daten zugrunde gelegt worden:

H_u	= 10 444	[kcal/kg]	Unterer Heizwert,
$\gamma_{Öl}$	= 0,73	[kg/dm³]	Spez. Gewicht,
m	= 100	[kg/Mol]	Molgewicht,
L_{min}	= 14,1	[kg/kg]	Mindestluftmenge,
	= 10,9	[Nm³/kg]	Mindestluftmenge bei $P = 10\,333$ [kg/m²] $T = 273$ [°K],
	= 12.1	[m³/kg]	Mindestluftmenge bei $P_o = 10\,000$ kg/m² $T_o = 293$ °K ,
v_d	= 24,4	[Nm³/Mol]	Kraftstoffdampfvolumen,

$\gamma_o = 24{,}4$ [kg/m³] Spez. Gewicht des Kraftstoffdampfes, aus den wahren Gaskonstanten errechnet (nach U, SCHMIDT) bei

$P_o = 10\ 000$ [kg/m²]

$T_o = 293$ [°K]

Die Tabelle 13 bringt den Vergleich der errechneten und gemessenen Leistungs- und Verbrauchsgrößen am Vergasermotor.

T a b e l l e 12

Errechnete und gemessene Kenngrößen des Ladungswechsels der Vergasermaschine bei n = 2646 [min^{-1}] und Vollast; Rechnung ohne Berücksichtigung der Rohr- und Kanalanordnungen der Ausgangsmaschine, Messung enthält den Einfluß der Ausgangsmaschinenrohr- und Kanalanordnungen

Nr.	Kenngrößen des Ladungswechsels	Zeichen	Dim.	Rechenwerte	Meßwerte
1	Drehzahl	n	[min^{-1}]	2646	2646
2	Scheinbarer Spülwirkungsgrad bei As	$\eta_{s(As)}$	[-]	0,7265	-
3	Scheinbare Frischladung bei As	$G_{zL(As)}$	[kg]	$0{,}170 \cdot 10^{-3}$	-
4	Luftaufwand, auf Aussenzustand am Meßtag bezogen (Ba,Ta)	L	[-]	0,635	0,58
5	Ladegrad	γ_d	[-]	0,56	-
6	Rückgeströmtes, reines Abgas	G_{R1}	[kg]	$0{,}1037 \cdot 10^{-4}$	-
7	Rückgeströmte Zylinderladung	G_{R2}	[kg]	$0{,}3645 \cdot 10^{-4}$	-
8	Rückgeströmte Abgasmenge	G_R	[kg]	$0{,}1147 \cdot 10^{-4}$	-
9	Auf Zylindervolumen bezogene Abgasmenge	L_R	[-]	0,02635	-
10	Wahrer Spülwirkungsgrad bei As	$\eta^*_{s(As)}$	[-]	0,698	-
11	Wahre Frischladung bei As	$G^*_{zL(As)}$	[kg]	$0{,}165 \cdot 10^{-3}$	-
12	Verunreinigungsgrad des Kurbelkastens	η_{Rk}	[-]	0,0398	-

T a b e l l e 13

Errechnete und gemessene Leistungs- und Verbrauchsgrößen der Vergasermaschine bei n = 2646 [min^{-1}] und Vollast; Rechnung unter Voraussetzung wie bei Tabelle 12

Nr.	Leistungs- und Verbrauchsgrößen	Zeichen	Dim.	Rechenwerte	Meßwerte*)
1	Drehzahl	n	[min^{-1}]	2646	2646
2	Im Zylinder verbrannte Brennstoffmenge	B_z	[kg/h]	2,07	-
3	Luftfaktor	λ	[-]	0,83	-
4	Wirkungsgrad der vollkommenen Maschine	η_{v-l}	[-]	0,253	-
5	Gütegrad	η_{g-l}	[-]	0,88	-
6	Innenwirkungsgrad	η_{i-l}	[-]	0,251	-
7	Auf Innenleistung bezogener Kraftstoffverbrauch	b_{i-l}	[kg/PSih]	0,241	-
8	Mittlerer indizierter Arbeitsdruck	p_{i-l}	[kg/cm^2]	4,04	-
9	Mitteldruck der Ladungswechselarbeit	p_l	[kg/cm^2]	0,30	-
10	Mitteldruck der Verlustleistung	p_v	[kg/cm^2]	-	0,84
11	Mittlerer indiz. Arbeitsdruck (p_l berücksichtigt)	p_i	[kg/cm^2]	4,34	-
12	Indizierter Kraftstoffverbrauch (p_l berücksichtigt)	b_i	[kg/PSih]	0,365	-
13	Innenwirkungsgrad (p_l berücksichtigt)	η_i	[-]	0,166	-
14	Mittlerer effektiver Arbeitsdruck	p_e	[kg/cm^2]	3,50	3,69
15	Spez. Brennstoffverbrauch	b_e	[gr/PSeh]	452	454
16	Stündlicher Brennstoffverbrauch	B_e	[kg/h]	3,46	3,58

*) Die Meßwerte in der Tabelle 13 sind der Abbildung 28a entnommen.

Die Abweichungen zwischen den Rechen- und den Meßwerten in den Tabellen 12 und 13 lassen sich durch die in der Rechnung nicht berücksichtigten Saugrohrwirkung der Meßanordnung erklären.

7.3 Ladungswechselrechnung bei akustischer Berücksichtigung der Spülkanalwirkung und Vergleich mit der Messung am Vergasermotor

Durch überschlägige Rechnungen läßt sich leicht feststellen, daß in den Spülkanälen von Zweitaktmotoren zeitweise örtliche Machzahlen bis Ma ≅ 0,35 auftreten können (s. hierzu auch J. SCHNIEWIND [14]). Darum ergibt eine akustische Betrachtungsweise der Strömungsvorgänge in den Spülkanälen eine z.T. grobe Annäherung an die wirklichen Vorgänge. Die akustische Rechnung erlaubt z.B. keine Berücksichtigung der auftretenden Stoßwellen, sowie keine Berücksichtigung des Einflusses von Entropieveränderungen an der Grenze zwischen dem heißen Zylindergas und dem kühlen Frischgas in den Spülkanälen. Weiterhin kann der starke Dämpfungseinfluß nicht erfaßt werden, der sich infolge der Wandreibung in den Spülkanälen und infolge der Drosselstellen an den Spülkanalmündungen der Strömung aufprägt.

Da bei der akustischen Rechnung die Dichte und Schallgeschwindigkeit des strömenden Gases im Spülkanal konstant gesetzt wird, brauchen nur die Zusammenhänge an den Unstetigkeitsstellen des Spülkanals untersucht zu werden. Diese waren die Mündungsquerschnitte S und M des Spülkanals (s. dazu Abb.21). Im sogenannten "Wellenplan" auf Abbildung 33 wurden diese Querschnitte an den Stellen S und M mit Querschnitt 1 und 2 bezeichnet, während der Meßquerschnitt (in dem die oszillographische Druckaufnahme des Spülkanaldruckes P_{kz} stattfindet, s. dazu Abb. 29b) etwa 50 [mm] vom Querschnitt 2 entfernt war und als Querschnitt 3 bezeichnet wurde.

Auf eine Wiederholung der allgemeinen Grundlagen der instationären Strömung bei akustischer Betrachtungsweise sei hier verzichtet und auf die Arbeiten von A. PISCHINGER [1], P. HADLATSCH [15], LIST-REYL [10] u.a. Verfasser hingewiesen. Die mit der akustischen Spülkanalrechnung verbundene Ladungswechselrechnung wurde wieder nach der Methode von P. HADLATSCH [6] durchgeführt und die Gleichungen für die Randbedingungen an den beiden Mündungen des Spülkanals (im vorliegenden Beispiel waren die Spülkanäle doppelt gesteuert), also den Querschnitten 1 und 2, wurden einer Arbeit desselben Verfassers [7] entnommen.

In dem nachfolgenden Rechenbeispiel wurden dieselben mittleren Durchflußzahlen der Steuerschlitze eingesetzt, wie sie bereits in Abschnitt 7.22 angeführt wurden. Ferner wurde wiederum in der Rechnung nicht die in der Vergleichsmessung enthaltene zusätzliche Wirkung der geschalteten Saug- und Auspuffrohranordnungen nach Abbildung 26a und c berücksichtigt. Das Ergebnis der Vergleichsmessung ersieht man aus Abbildung 29b. Bei dieser Messung besaßs die Versuchsmaschine eine Spülkanalanordnung von l_{kz} = 170 [mm], F_{kz} = 46·10 [mm^2] nach den Angaben der Abbildung 27a.

Für die Rechnung wurde weiter angenommen, daß sich der schädliche Raum des Kurbelkastens um den Betrag der Volumina der beiden Spülkanäle l_{kz} = 170 [mm] vergrößert hatte und daß damit während der Einlaßperiode der Kurbelkasten- und Spülkanalraum ein zusammenhängendes Volumen bildeten (s. dazu Abb.25). Während der Einlaßperiode sollten also Ausgleichsvorgänge zwischen Kurbelkasten und Spülkanal in unendlich kurzer Zeit erfolgen. In der Rechnung war deshalb während der Einlaßperiode der Verlauf der Zustandsgrößen im Kurbelkasten und Spülkanal (P_k/P_o, T_k, T_{kz}, P_{kz}/P_o) derselbe, was etwa mit der Messung bezüglich der Drücke (s. Abb.29b) übereinstimmt. Die Gasgewichte im Kurbelkasten und Spülkanal wurden dann im Verhältnis des zeitlich sich ändernden Kurbelkastenvolumens zum gleichgebliebenen Spülkanalvolumen aufgeteilt. Auf Abbildung 34 wurde allerdings nur der Verlauf des gesamten Gasgewichtes $G_{k_{ges}}$ dargestellt, welches sich während der Ladungswechselperiode im Kurbelkasten und Spülkanal befand. Das gesamte Gasgewicht (Brennstoff-Luftgemisch) $G_{k_{ges}}$ erhielt man nach der Beziehung

$$G_{k_{ges}} = G_k + G_{kz} \qquad [kg] \qquad [9]$$

wobei

$$G_{kz} = \frac{G_{K\,ges}}{\frac{Z_K}{Z_K} + 1} \qquad [kg] \qquad [10]$$

war.

Zwischen E_s und $Üs_{M2}$ wurde für den Kurbelkasten-und Spülkanalinhalt adiabatische Kompression angenommen. Zwischen $Üs_{M2}$ und $Üö_{M1}$ waren dann die Spülkanäle vom Kurbelkasten getrennt (s. Abb.25). Im Kurbelkasten erfolgte weiter adiabatische Kompression bis $Üö_{M1}$ (wobei nur der Kurbelkasteninhalt berücksichtigt wurde), während im Spülkanal in diesem Zeitabschnitt ein konstanter Druckverlauf angenommen wurde, wie ihn auch etwa die Messung auf Abbildung 29b zeigt. Ab $Üö_{M1}$ war der Kurbelkastenraum wieder mit dem Spülkanal durch Öffnungen im Kolben verbunden. Dann strömte infolge des zwischen $Üs_{M2}$ und $Üö_{M1}$ erfolgten Druckanstieges im Kurbelkasten Luft-Brennstoffgemisch bei $Üö_{M1}$ in den zur Zylinderseite noch geschlossenen Spülkanal ein. Ab $Üö_{M1}$ wurde dann die akustische Rechnung im Spülkanal (s. dazu Abb. 33) durchgeführt.

Zur Bestimmung einer mittleren Schallgeschwindigkeit a_{kz_m} im Spülkanal wurde eine mittlere Spülkanaltemperatur $T_{kz_m} = 372\ [^oK]$ angenommen, die sich aus entsprechenden Meßwerten ergeben hätte.

So ergab sich als mittlere Schallgeschwindigkeit

$$a_{kz_m} = \sqrt{g \cdot k \cdot R \cdot T_{kz_m}} = 385 \quad [m/sec] \qquad (11)$$

Weiterhin wurde als Mitteldruck $\bar{P}/P_o$ im Spülkanal der Wert $\bar{P}/P_o = 1{,}35$ angenommen, der mit der mittleren Schallgeschwindigkeit a_{kz_m} einen mittleren Zustand im Spülkanal festlegte. Das Ergebnis der durchgeführten Ladungswechselrechnung[22] in Verbindung mit der akustischen Rechnung bei $n = 2646\ [min^{-1}]$ und Vollast (bei diesem Maschinenbetriebszustand wurde die Messung des Druckverlaufes im Zylinder, Kurbelkasten und Spülkanal durchgeführt), ist auf der Abbildung 32b im Vergleich mit dem gemessenen Druckverlauf im Zylinder und Kurbelkasten und auf Abbildung 33, dem Wellenplan, im Vergleich mit dem gemessenen Spülkanaldruckverlauf im Meßquerschnitt 3 eingezeichnet. Die akustische Spülkanalrechnung wurde allerdings nur im sogenannten "Anfahrvorgang" und nicht bis zum "eingeschwungenen Zustand" gerechnet. Im Wellenplan bedeuten strichlinierte Linien die Fortpflanzungslinien der vor- und rücklaufenden Unterdruckwellen und die durchgezogenen Linien die der vor- und rücklaufenden Überdruckwellen. In den Querschnitten 1 und 2 wurden neben dem Kanaldruck P_R/P_o auch der Verlauf der vorlaufenden Druckwellen P_v/P_o und der Verlauf des nach REYL [10] benannten "Brandungsdruckes" P_{Br}/P_o eingezeichnet. Abbildung 34 zeigt den Verlauf der übrigen Ladungswechselgrößen $G_{k_{ges}}$, T_k, G_z, G_{zL} und η_s.

Man erkennt nun auf der Abbildung 32b eine gute Übereinstimmung des gemessenen und errechneten Druckverlaufes im Kurbelkasten. Die Abweichungen zwischen Rechnung und Messung während der Einlaß- und Kompressionsperiode lassen sich auch hier durch die in der Rechnung nicht berücksichtigte

---

22. Die Rechnung wurde von U. ROTH als Dipl.-Arbeit am Aerodynamischen Institut, Aachen durchgeführt

Saugrohrwirkung erklären. Der gemessene Kurbelkastendruck steigt gegen Ende der Einlaßperiode stärker an, als die Rechnung wiedergibt. Die dabei erreichten Endwerte bei E_s bestimmten damit auch die Anfangswerte bei $Üs_s$. Auch der während der Spülperiode im Zylinder gemessene Druckverlauf stimmt verhältnismäßig gut mit dem gemessenen Zylinderdruck überein. Der im Wellenplan (Abb.33) miteingezeichnete, gemessene Spülkanaldruckverlauf P_{kz}/P_o während der Spülperiode weist ebenfalls eine zufriedenstellende Übereinstimmung mit dem errechneten Spülkanaldruckverlauf P_{R3}/P_o auf. Stärkere Abweichungen zwischen Messung und Rechnung sind kurz vor uT zu beobachten. Hier zeigte sich im gemessenen Spülkanaldruckverlauf eine starke Druckabsenkung, die in der Rechnung nicht auftritt. Die nachfolgende Tabelle 14 enthält die aus der durchgeführten Ladungswechsel- und akustischen Spülkanalrechnung ermittelten Kenngrößen des Ladungswechsels, verglichen mit dem Meßergebnis (hier ebenfalls der auf den Außenzustand am Meßtage umgerechnete Luftaufwand L). Gemessener und errechneter Luftaufwand sind annähernd gleich.

Aus der Tabelle 15 wurden die errechneten und gemessenen Leistungs- und Verbrauchsgrößen gegenübergestellt. Es konnte eine gute Übereinstimmung von Meß- und Rechenwerten festgestellt werden.

Auf der nachfolgenden Tabelle 16 ist ein Vergleich der errechneten Kenngrößen des Ladungswechsels, sowie der Leistungs- und Verbrauchsgrößen im Falle der Maschine mit der Spülkanallänge l_{kz} = 170 [mm] durchgeführt worden. Aus den Zahlenangaben dieser Tabelle 16 in Verbindung mit den bildlichen Darstellungen des gerechneten Verlaufes der Ladungswechselgrößen bei beiden Spülkanalanordnungen auf Abbildung 34 läßt sich die Wirkung des abgestimmten Spülkanals - relativ zu den entsprechenden Größen bei der Spülkanallänge l_{kzo} - beschreiben.

Man erkennt aus der Abbildung 34a, daß der Zylinderdruck P_z/P_o im Falle der Spülkanalanordnung l_{kz} = 170 [mm] im ersten Teil der Spülperiode tiefer als im Falle der Spülkanalanordnung l_{kzo} abgesunken ist. Es muß also eine gute Entleerung des Zylinders von Abgasen stattgefunden haben (s. dazu auch in der Abb. 34b die Lage und der Absolutwert von G_{zmin}), bevor die eigentliche Spülung und Neuauffüllung des Zylinders mit Frischladung aus dem Kurbelkasten und Spülkanal einsetzte. Diese Neuauffüllung geschah rascher, was aus dem etwas steileren Anstieg der Zylinderladungsgewichtskurve G_z (Abb. 34b) zu ersehen ist. Das Optimum des Zylinderladungsgewichtes G_{zmax} wurde zeitlich später mit allerdings kleinerem Absolutwert erreicht und es strömte dann infolge des zu diesem Zeitpunkt

Tabelle 14

Errechnete und gemessene Kenngrößen des Ladungswechsels der Vergasermaschine bei $n = 2640$ [min^{-1}] und Vollast; Rechnung ohne Berücksichtigung der Saug- und Auspuffanordnungen der Maschinenmeßanordnung, aber mit akustischer Berücksichtigung des Spülkanals $l_{kz} = 170$ [mm]

Nr.	Kenngrößen des Ladungswechsels	Zeichen	Dim.	Rechenwerte	Meßwerte
1	Drehzahl	n	[min^{-1}]	2640	2640
2	Scheinbarer Spülwirkungsgrad bei As	$\eta_{s(As)}$	[-]	0,7473	-
3	Scheinbare Frischladung bei As	$G_{zL(As)}$	[kg]	$0{,}1740 \cdot 10^{-3}$	-
4	Luftaufwand, auf Außenzustand am Meßtag bezogen	L	[-]	0,588	0,555
5	Ladegrad	η_d	[-]	0,568	-
6	Rückgeströmtes, reines Abgas	G_{R1}	[kg]	$0{,}138 \cdot 10^{-4}$	-
7	Rückgeströmte Zylinderladung	G_{R2}	[kg]	0,0	-
8	Rückgeströmte Abgasmenge	G_R	[kg]	$0{,}138 \cdot 10^{-4}$	-
9	Auf Zylindervolumen bezogene Abgasmenge	L_R	[-]	0,0313	-
10	Wahrer Spülwirkungsgrad bei As	$\eta^*_{s(As)}$	[-]	0,733	-
11	Wahre Frischladung bei As	$G^*_{zL(As)}$	[kg]	$0{,}1705 \cdot 10^{-3}$	-

T a b e l l e   15

Errechnete und gemessene Leistungs- und Verbrauchsgröße der Vergasermaschine bei n = 1640 $[min^{-1}]$ und Vollast; Rechnung ohne Berücksichtigung der Saug- und Auspuffanordnungen der Maschinenmeßanordnung, aber mit akustischer Berücksichtigung des Spülkanals l_{kz} = 170 [mm]

Nr.	Leistungs- und Verbrauchsgrößen	Zeichen	Dim.	Rechenwerte	Meßwerte
1	Drehzahl	n	$[min^{-1}]$	2640	2640
2	Im Zylinder verbrannte Brennstoffmenge	B_z	[kg/h]	2,45	-
3	Luftfaktor	λ	[-]	0,71	-
4	Wirkungsgrad der vollkommenen Maschine	η_{v-l}	[-]	0,27	-
5	Gütegrad	η_{g-l}	[-]	0,88	-
6	Innenwirkungsgrad	η_{i-l}	[-]	0,24	-
7	Auf Innenleistung bezogener Kraftstoffverbr.	b_{i-l}	[kg/PSih]	0,253	-
8	Mittlerer indizierter Arbeitsdruck	p_{i-l}	$[kg/cm^2]$	4,67	-
9	Mitteldruck der Ladungswechselarbeit	p_l	$[kg/cm^2]$	0,30	-
10	Mitteldruck der Verlustarbeit	p_v	$[kg/cm^2]$	-	0,84
11	Mittlerer indiz. Arbeitsdruck (p_l berücksichtigt)	p_i	$[kg/cm^2]$	4,97	-
12	Indizierter Kraftstoffverbrauch (p_l berücksichtigt)	b_i	[kg/PSih]	0,337	-
13	Innenwirkungsgrad (p_l berücksichtigt)	η_i	[-]	0,181	-
14	Mittlerer effektiver Arbeitsdruck	p_e	$[kg/cm^2]$	3,83	3,81
15	Spez. Brennstoffverbrauch	b_e	[gr/PSeh]	437	425
16	Stündlicher Brennstoffverbrauch	B_e	[kg/h]	3,69	3,46

Tabelle 16

Vergleich der errechneten Kenngrößen des Ladungswechsels, sowie der Leistungs- und Verbrauchsgrößen im Falle der Maschine mit der Spülkanallänge l_{kzo} und im Falle der Maschine mit dem etwa abgestimmten Spülkanal
$l_{kz} = 170$ [mm] bei $n \cong 2640$ [min^{-1}] und Vollast

Nr.	Kenngrößen des Ladungswechsels, sowie Leistungs und Verbrauchsgrößen	Zeichen	Dim.	Rechnung ohne Spülkanal	Rechnung mit Spülkanal $l_{kz} = 170$
1	Drehzahl	n	[min^{-1}]	2646	2640
2	Luftaufwand	L	[-]	0,635	0,588
3	Ladegrad	η_d	[-]	0,56	0,568
4	Wahrer Spülwirkungsgrad bei As	$\eta^*_{s(As)}$	[-]	0,698	0,733
5	Wahre Frischladung bei As	$G^*_{zL(As)}$	[kg]	$0{,}165 \cdot 10^{-3}$	$0{,}1705 \cdot 10^{-3}$
6	Luftfaktor		[-]	0,83	0,71
7	Mittlerer indizierter Arbeitsdruck	p_i	[kg/cm^2]	4,34	4,97
8	Indizierter Kraftstoffverbrauch	b_i	[kg/PSih]	0,365	0,337
9	Mittlerer effektiver Arbeitsdruck	p_e	[kg/cm^2]	3,50	3,83
10	Spezifischer Brennstoffverbrauch	b_e	[gr/PSeh]	452	437
11	Stündlicher Brennstoffverbrauch	B_e	[kg/h]	3,46	3,69

kleineren Auslaßquerschnittes weniger Zylinderladung durch den Auslaß. Infolge der zeitlichen Verschiebung des Gewichtstransportes von Frischladung aus dem Kurbelkasten über den Spülkanal $l_{kz} = 170$ [mm] in den Zylinder gegen Ende der Überströmperiode (s. dazu auch die Kurve des Kurbelkastendruckverlaufes P_k/P_o auf der Abb. 34a, die während der 2.Halbzeit der Überstromperiode stärker abgefallen ist) hat sich der gegen Ende der Spülzeit erzielte Spülwirkungsgrad $\eta_{s(As)}$ vergrößert. Der für die Maschinenleistung verantwortliche Wert der wahren Frischladung $G^*_{zL(As)}$ ist ebenfalls größer geworden. Allgemein ersieht man aus den

Kurven des Druck- und Gewichtsverlaufes im Kurbelkasten und Zylinder auf der Abbildung 34a und b, daß die größere Trägheit der Gassäule im Spülkanal l_{kz} = 170 [mm] qualitativ richtig zum Ausdruck kam.

8. Zusammenfassung

An zwei verschiedenen, kurbelkastengespülten Versuchsmotoren, einem Diesel- und einem Vergasermotor, wurde der Einfluß der zwischen Kurbelkasten und Zylinder geschalteten Spülkanallänge auf den Ladungswechsel durch systematische Versuchsreihen untersucht. Bei beiden Versuchsmotoren ergaben sich auf experimentellem Wege Spülkanallängen, bei deren Schaltung optimale Leistungssteigerungen relativ zu den jeweiligen Firmenspülkanalanordnungen gemessen werden konnten. Die beim Dieselmotor durch diese "abgestimmten" Spülkanallängen gemessenen Leistungssteigerungen waren wesentlich höher als beim Vergasermotor. Beim Dieselmotor wurde noch der zusätzliche Einfluß der Einlaßsteuerlage untersucht. Aus den Versuchsergebnissen konnte allgemein festgestellt werden, daß sich die leistungssteigernde Wirkung abgestimmter Spülkanäle bei Maschinen mit niederem Drehzahlbereich günstiger auswirkte als bei Maschinen mit höherem Drehzahlbereich. Weiterhin konnte nachgewiesen werden, daß einfachgesteuerte Spülkanäle den doppelt gesteuerten Spülkanälen (wie sie bei Vergasermaschinen üblich sind) überlegen waren. Die experimentell festgestellte geringe Drehzahlabhängigkeit der abgestimmten Spülkanallängen (bei beiden Versuchsmotoren) lassen die Anordnung solcher Spülkanallängen für Fahrzeugmotoren als besonders geeignet erscheinen.

Die Anwendung des HELMHOLTZschen Resonators als Ersatzschwingungssystem zur Beschreibung der Vorgänge im Kurbelkasten und Spülkanal während der Gaswechselperiode zeigte eine Möglichkeit zur ersten Auslegung der Abmessungen leistungssteigernder Spülkanäle.

Die an beiden Versuchsmotoren durchgeführten Ladungswechselrechnungen nach der Methode von P. HADLATSCH [6] ergaben in den Rechnungsergebnissen gute Übereinstimmungen mit den Messungen, wenn vorausgesetzt werden durfte, daß die Spülkanalabmessungen der zu vergleichenden Maschinenanordnungen vernachlässigbar klein waren.
Eine weitere Ladungswechselrechnung am Vergasermotor bei akustischer Berücksichtigung der Wirkung einer bestimmten Spülkanallänge bewies - bei geschätztem mittleren Kanalzustand - im Vergleich zur Messung, daß die Beeinflussung des Ladungswechsels durch die Spülkanalwirkung genügend genau beschrieben werden konnte.

Dr.-Ing. Werner Wilhelm

9. Formelzeichen

Zeichen	Dim.	Bedeutung
B_a	[Torr]	Barometerstand
B_e	[kg/h]	Stündlicher Brennstoffverbrauch
B_z	[kg/h]	Im Zylinder verbrannte Brennstoffmenge
C_{kz}	[m^{-1}]	Faktor
D	[mm]	Zylinderbohrung
F	[mm^2][m^2]	Fläche
$G_{zL(As)}$	[kg]	Scheinbare Frischladung im Zylinder bei As
$G^*_{zL(As)}$	[kg]	Wahre Frischladung im Zylinder bei As
G_z	[kg]	Zylinderladung
G_k	[kg]	Frischladung im Kurbelkasten
G_{kz}	[kg]	Gasgewicht im Spülkanal
G_R	[kg]	Rückgeströmte Gasmenge
G_{R1}	[kg]	Rückgeströmtes reines Abgas bei $Üö_s$
G_{R2}	[kg]	Rückgeströmte Zylinderladung bei $Üs_s$
H	[mm]	Hub
H_u	[kcal/kg]	Unterer Heizwert des Brennstoffes
K	[-]	Formbeiwert der Steuerschlitze
L	[-]	Luftaufwand, auf Außenzustand bezogen
L_R	[-]	Mit dem Spülmittel zugeführte Abgasmenge, auf Außenzustand bezogen
L_{min}	[m^3/kg]	Theoretische Verbrennungsluftmenge
P	[kg/m^2]	Druck
T	[^oK]	Absolute Temperatur
V	[m^3]	Volumen
V_d	[m^3/Mol]	Molvolumen des Brennstoffdampfes
V_H	[cm^3]	Hubvolumen
V_c	[cm^3]	Kompressionsvolumen
V_{ko}	[cm^3]	Schädliches Kurbelkastenvolumen der Firmenausführung
Z	[-]	Bezogenes Volumen

Zeichen	Dim.	Bedeutung
a_m	[m/sec]	Mittlere Schallgeschwindigkeit
b	[mm]	Schlitzbreite
b_e	[gr/PSeh]	Spezifischer Brennstoffverbrauch
b_i	[kg/PSin]	Indizierter Brennstoffverbrauch
b_{i-l}	[kg/PSin]	Indizierter Brennstoffverbrauch ohne Berücksichtigung der Ladungswechselarbeit
d	[mm]	Durchmesser
g	[m/sec^2]	Erdbeschleunigung
l_p	[mm]	Pleuelstangenlänge
l_{kzo}	[mm]	Ausgangsspülkanallänge
l_{kz}	[mm]	Spülkanallänge
l^*_{kz}	[mm]	Abgestimmte Spülkanallänge
l_{ek}	[mm]	Saugrohrlänge
l_{za}	[mm]	Auspuffrohrlänge
m	[kg/Mol]	Molgewicht des Brennstoffdampfes
n	[min^{-1}]	Drehzahl
p_e	[kg/cm^2]	Mittlerer effektiver Arbeitsdruck
p_i	[kg/cm^2]	Mittlerer indizierter Arbeitsdruck
p_{i-l}	[kg/cm^2]	Mittlerer indizierter Arbeitsdruck ohne Berücksichtigung der Ladungswechselarbeit
p_v	[kg/cm^2]	Mitteldruck der Verlustarbeit
p_l	[kg/cm]	Mitteldruck der Ladungswechselarbeit
r_p	[mm]	Kurbelradius
t	[°C]	Temperatur

Zeichen	Dim.	Bedeutung
α	[-]	Durchflußzahl
β	[-]	Bezogene Kanalbreite der Steuerschlitze
γ	[°]	Neigungswinkel der Steuerschlitze zur Zylinderachse
γ	[kg/m³]	Spezifisches Gewicht
ε	[-]	Verdichtungsverhältnis
λ_p	[-]	Pleuelstangenverhältnis
λ	[-]	Luftfaktor
φ	[°KW]	Kurbelwinkel
σ	[-]	Bezogener Kolbenweg
η_d	[-]	Ladegrad
η_g	[-]	Gütegrad
η_v	[-]	Wirkungsgrad der vollkommenen Maschine
η_i	[-]	Innenwirkungsgrad
η_s	[-]	Scheinbarer Spülwirkungsgrad
η_s^*	[-]	Wahrer Spülwirkungsgrad
ν	[sec⁻¹]	Frequenz

Zeiger:

z	Zustand im Zylinder
k	Zustand im Kurbelkasten
e	Zustand vor Einlaß
a	Zustand nach Auslaß
o	Außen- oder Bezugszustand
ek	Von Einlaß nach Kurbelkasten
kz	Von Kurbelkasten über Spülkanal nach Zylinder
za	Von Zylinder nach außen
S	Mündung des Spülkanals zum Zylinder
M	Mündung des Spülkanals zum Kurbelkasten
kl	Indices für Saugklappenventil

10. Literaturverzeichnis

[1] PISCHINGER, A. — Bewegungsvorgänge in Gassäulen, insbesondere beim Auspuff- und Spülvorgang von Zweitaktmaschinen, Forsch.-Ing. Wesen, Bd.6 (1935) S.245

[2] NIEDERMAYER, E. — Untersuchung des Spülvorganges an Zweitakt-Dieselmaschinen, Forsch.-Ing. Wesen 7 (1936), S.227/39

[3] LIST, H. — Thermodynamik der Verbrennungsmaschine, Wien 1939

[4] SCHULTZ-GRUNOW, F. — Nichtstationäre, eindimensionale Gasbewegung, Forsch.-Ing. Wesen, Bd.13 (1942) S.125/34

[5] SCHMIDT, F.A.F. — Verbrennungsmotoren, Berlin. 1946

[6] HADLATSCH, P. — Ladungswechsel und Entwurf eines Zweitaktmotors, Diss. T.H. Aachen 1947

[7] ders. — Einfluß von Gasschwingungen endlicher Amplituden auf den Spülvorgang eines Zweitaktmotors, Habil.-Schrift T.H. Aachen 1947

[8] JENNY, E. — Berechnung und Modellversuche über Druckwellen großer Amplituden in Auspuffleitungen, Diss. E.T.H. Zürich, 1949

[9] ZELLER, H. — Ladungswechselvorgang bei einer Zweitakt-Vergasermaschine mit Kurbelkastenspülung, Dipl.-Arbeit T.H. Aachen 1949

[10] LIST, H. und G. REYL — Der Ladungswechsel der Verbrennungsmaschine, 1.Teil, Die rechnerische Behandlung der instationären Strömungsvorgänge am Motor, Springer 1949

[11] LIST, H. — 2. Teil, Der Zweitakt, Wien 1950

[12] KLÜSENER, O. und W. SCHRÖDER — Versuche an Zweitaktmaschinen, MTZ Jg.13, Nr.3 (1952) S.55-60

[13] HADLATSCH, P. — Reibende Gasströmung durch Drosselstellen sowie Reflexion anbrandender Druckwellen mit großen Amplituden, Z.VDI Bd.95 (1953) S.503, 1.Teil

[14] SCHNIEWIND, J. — Gasdynamische Untersuchung des Spülvorganges eines kurbelkammergespülten Zweitaktmotors, VDI-Berichte Bd.3, 1955

[15] HADLATSCH, P. Berechnung der Druckwellen in Brennstoffeinspritzsystemen und in hydraulischen Ventilsteuerungen, Mitteilungen aus dem Aerodyn. Institut der T.H. Aachen, 1955 (noch nicht veröffentlicht)

A b b i l d u n g e n

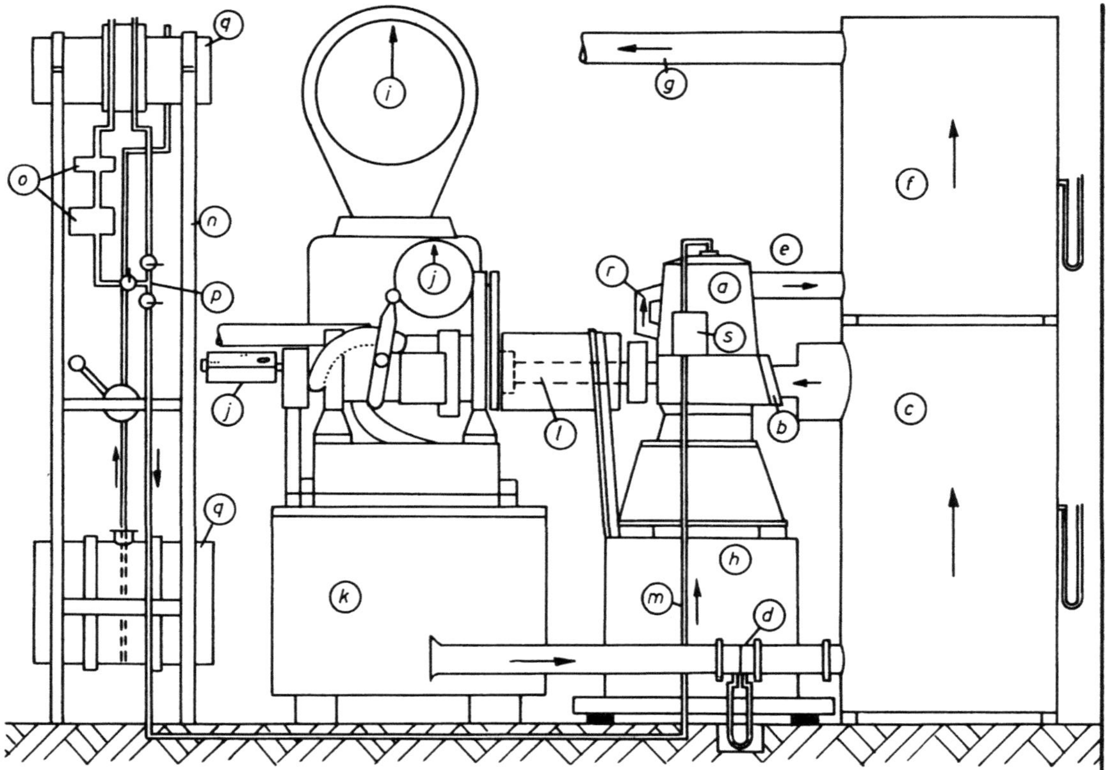

a Versuchsmotor Hatz B1S
b Einlaßorgan mit Saugstutzen
c Saugkessel
d Luftmeßvorrichtung
e Abgasstutzen
f Abgaskessel
g Abgassammelleitung
h Motorfundament
i Leistungsbremse
j Drehzahlmeßgerät
k Fundament d Leistungsbremse
l Kardanwelle
m Brennstoffleitung
n Brennstoffmeßstand
o Brennstoffmeßgefäße
p Sperrhähne
q Tank
r Spülkanal
s Brennstoffpumpe

A b b i l d u n g 1

Schema des Versuchsstandes

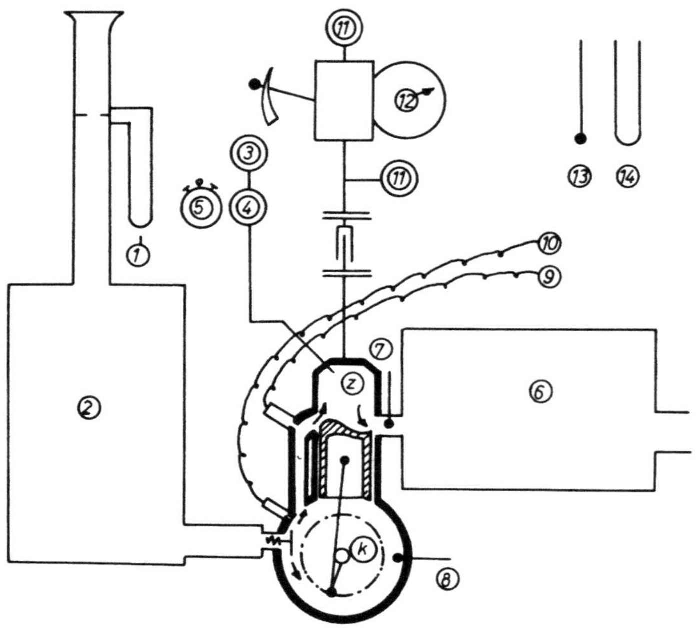

1 Luftmengenmessung
2 Saugkessel
3 Brennstofftank
4 Messung der Brennstoffmenge B
5 Messung der Durchlaufzeit von B
6 Abgaskessel
7 Messung der Abgastemperatur
8 Messung der Kurbelkastentemperatur
9, 10 Oszillographische Druckmessung { Spülkanaldruck / Kurbelkastendruck
11 Drehzahlmessung
12 Messung der Belastung
13 Messung der Außentemperatur
14 Messung des Barometerstandes

A b b i l d u n g 2

Meßstellenschema bei einfach gesteuertem Spülkanal

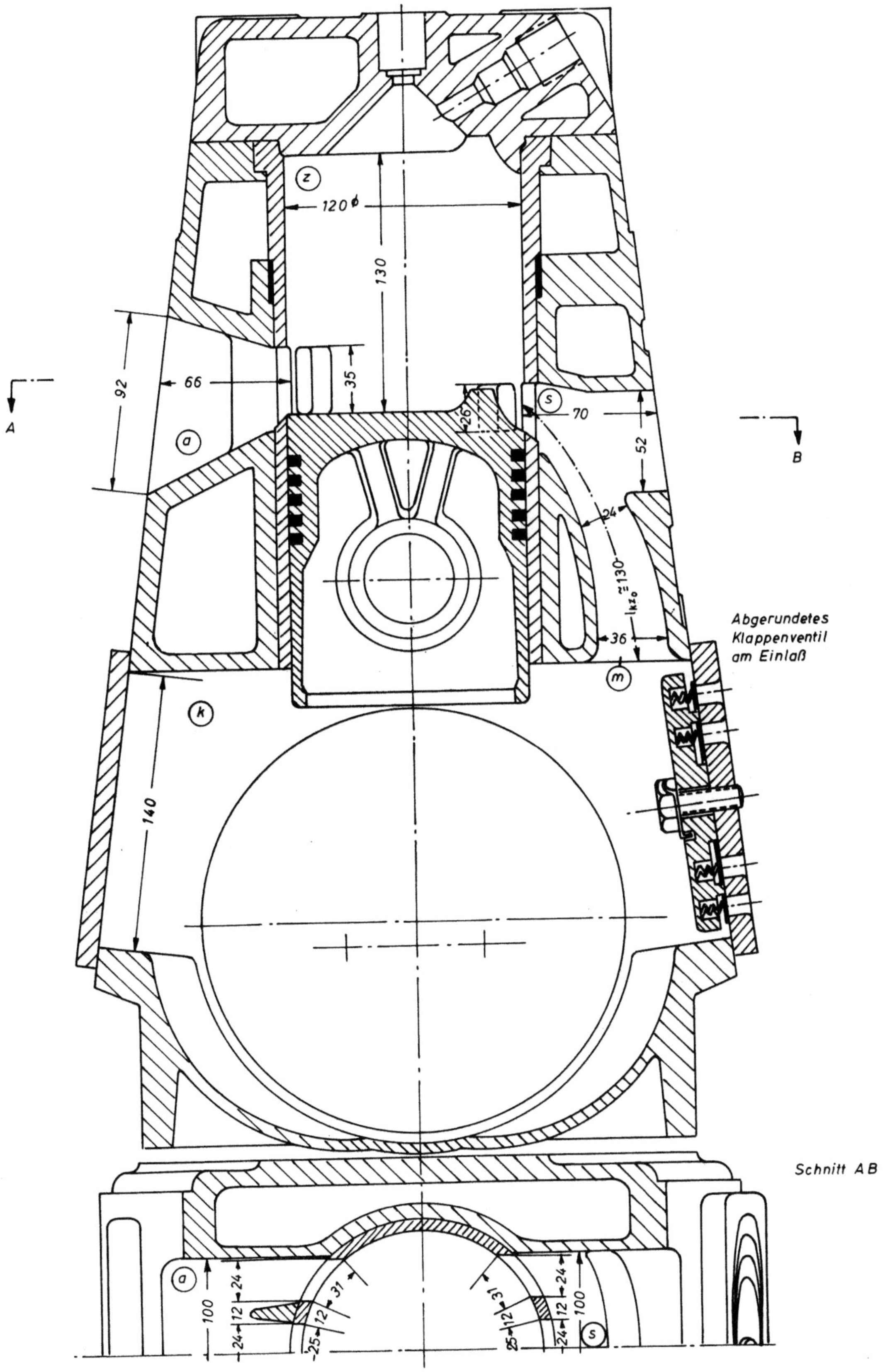

A b b i l d u n g 3

Querschnitt des Zylinderblockes bei einfachgesteuerter Spülkanalanordnung der Firmenausführung mit Saugklappenventil

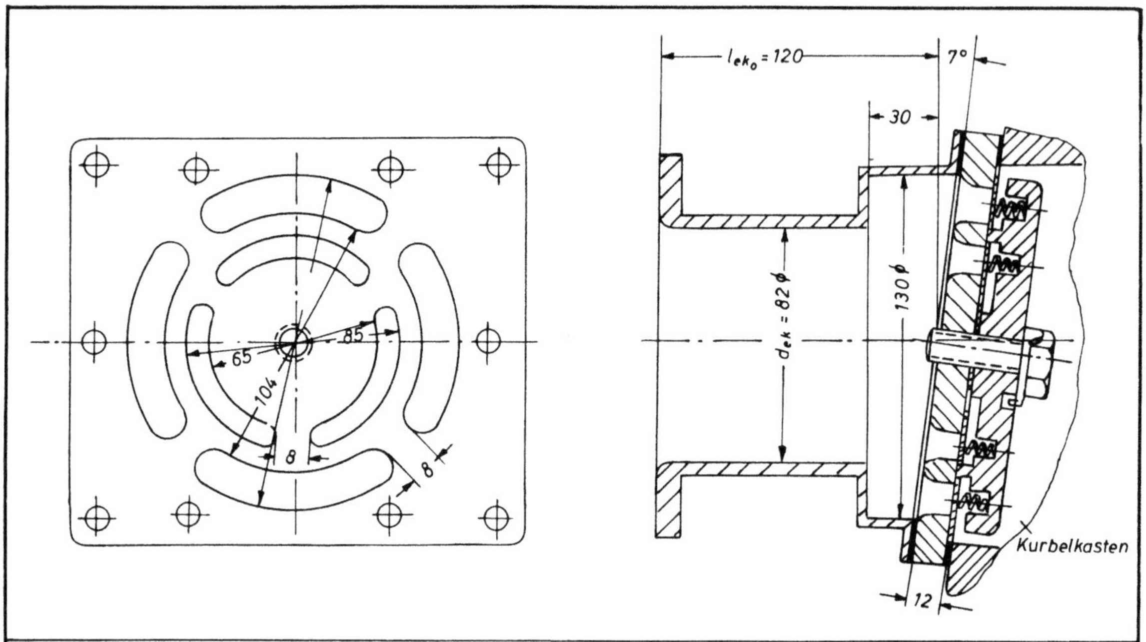

a) Abmessungen des abgerundeten Klappenventils am Einlaß

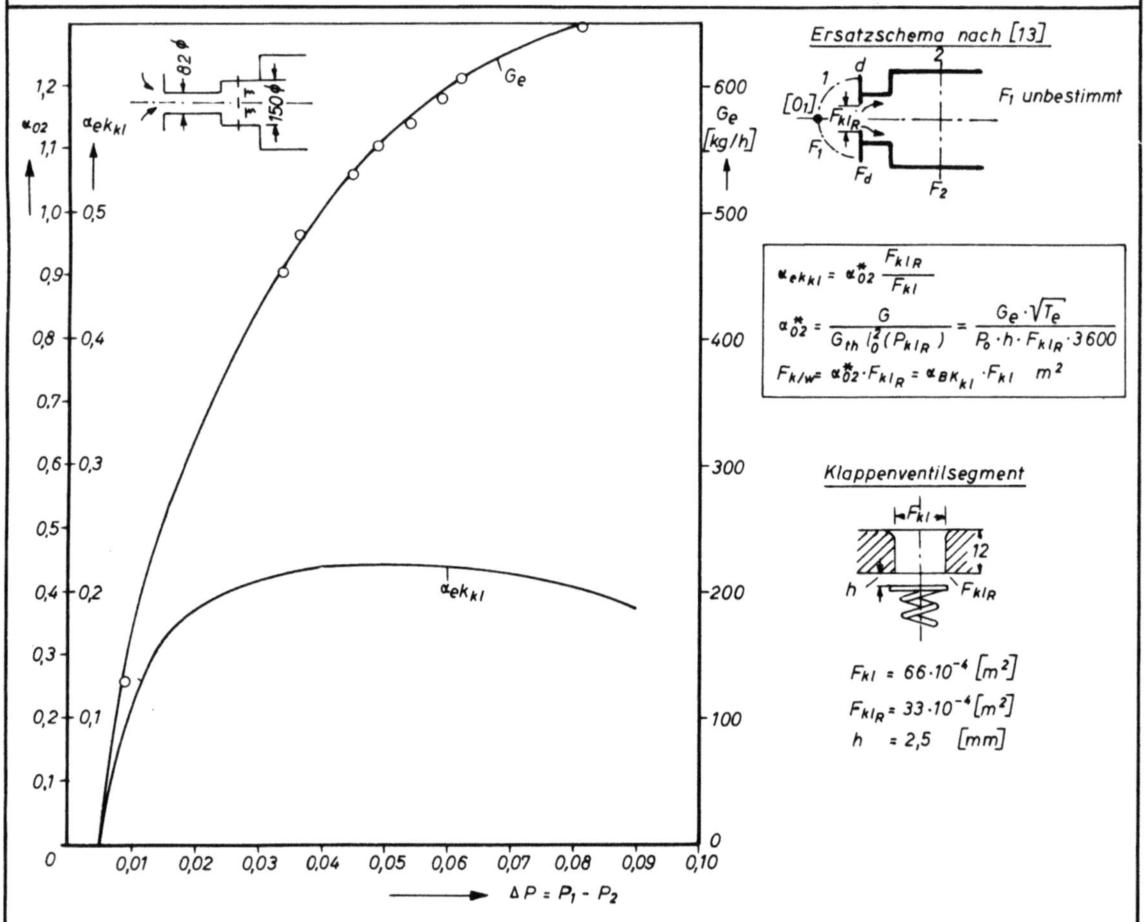

b) Durchflußzahlen des abgerundeten Klappenventils

A b b i l d u n g 4

Abmessungen des Saugklappenventils mit gemessenen Durchflußzahlen

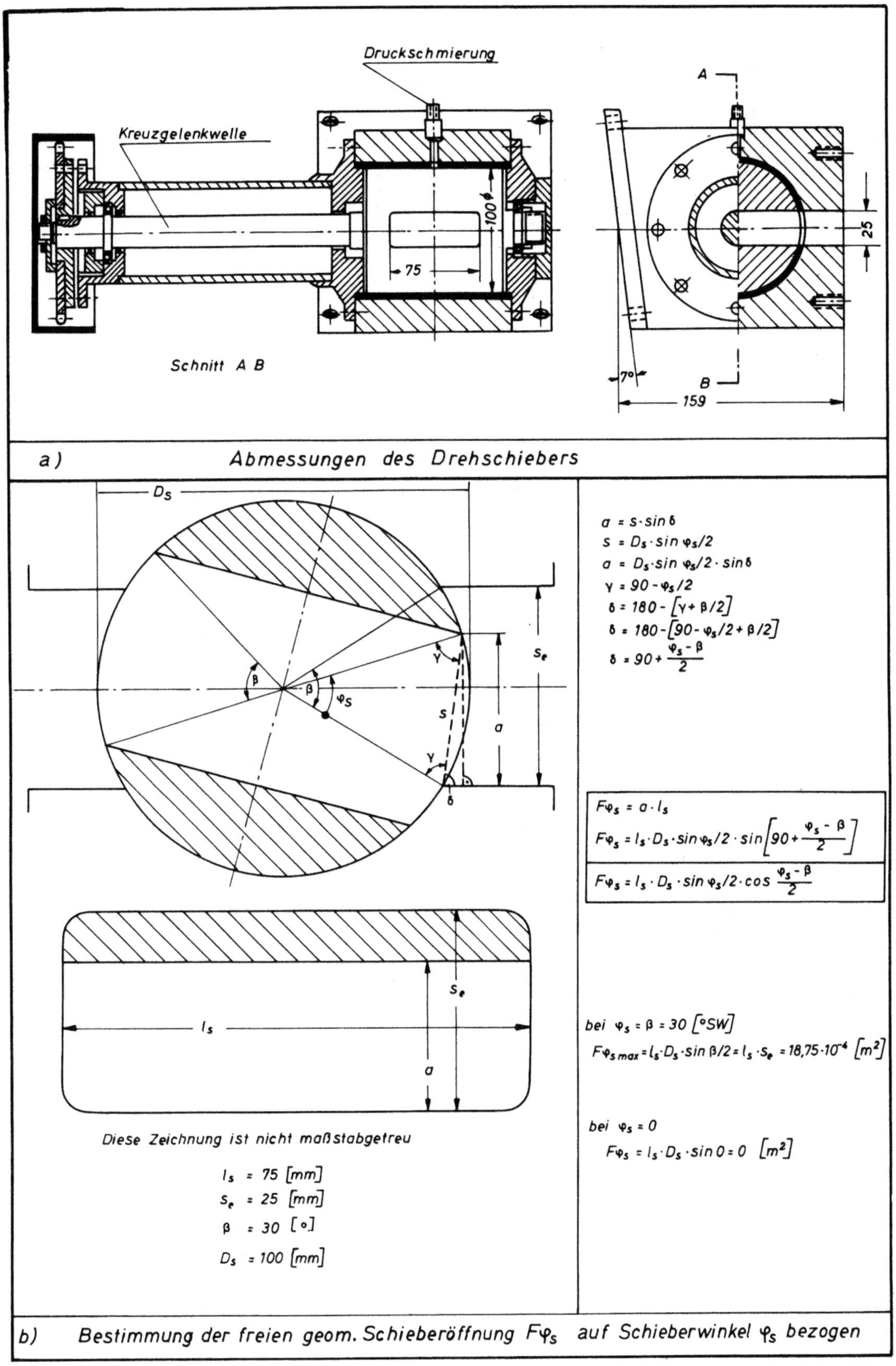

Abbildung 5

Abmessungen des Drehschiebers am Einlaß zum Kurbelkasten

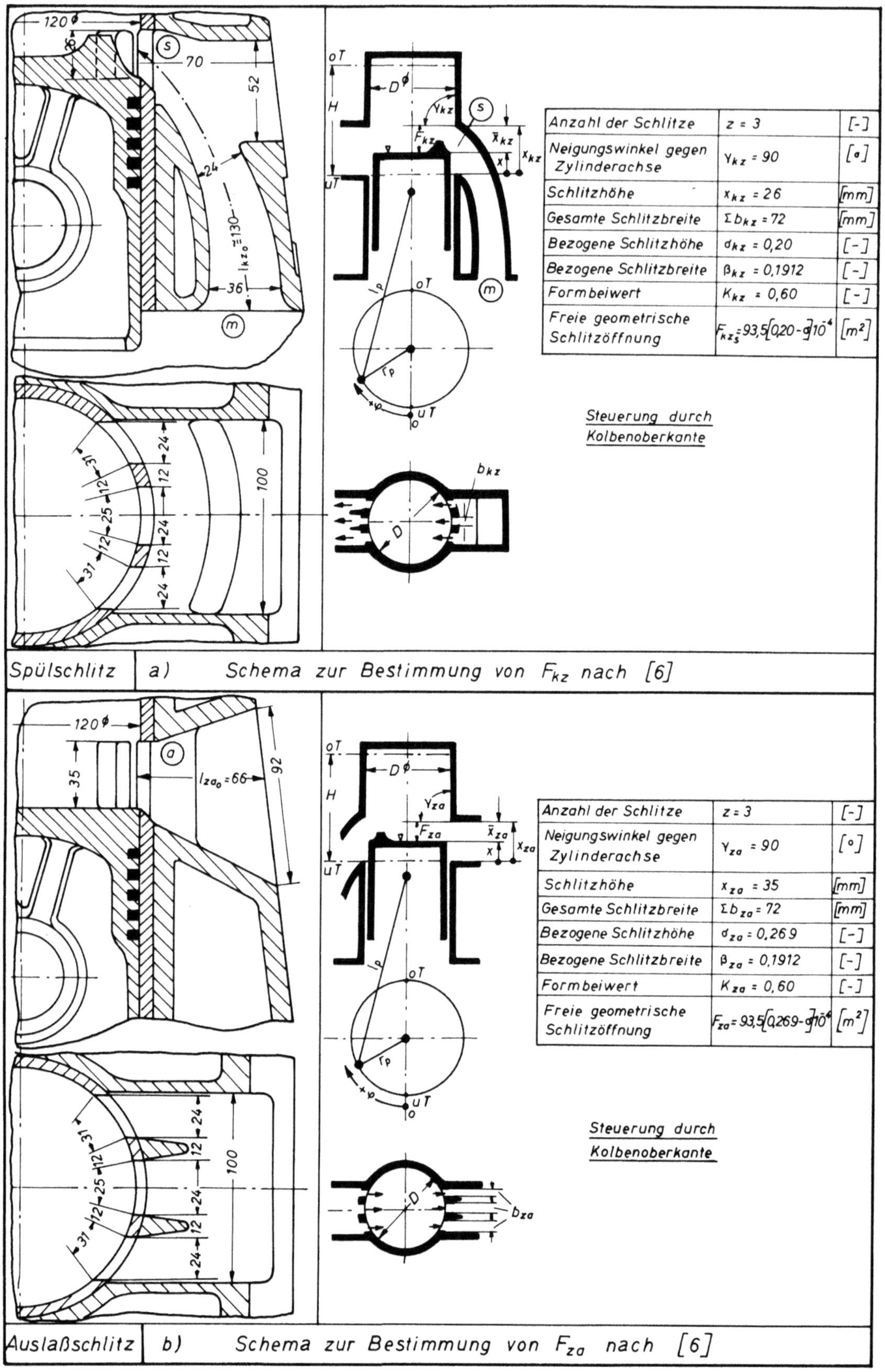

A b b i l d u n g   6

Abmessungen der Spül- und Auslaßschlitze

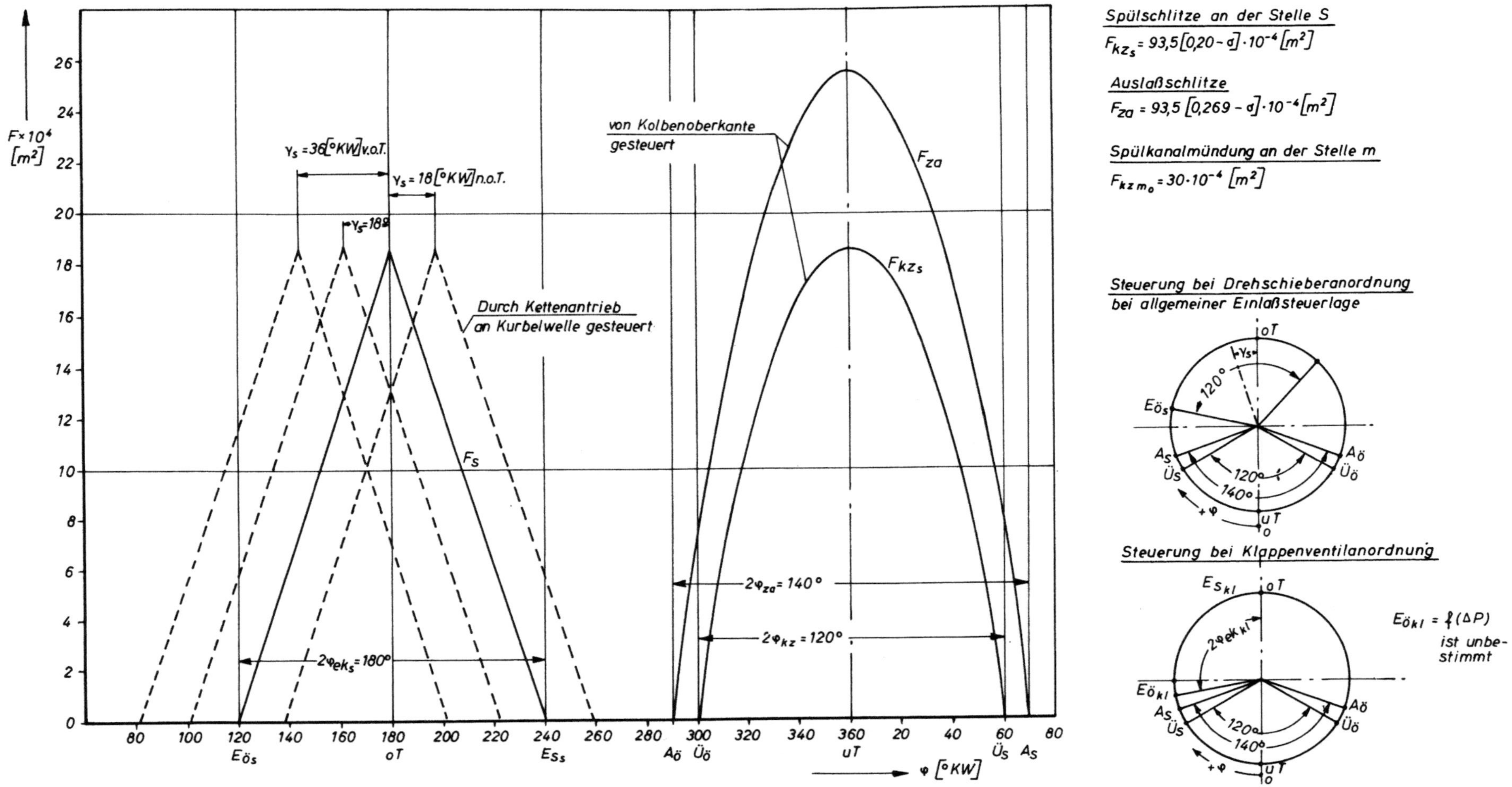

Abbildung 7

Frei geometrische Öffnungsquerschnitte sämtlicher Steuerorgane bei einfachgesteuerter Spülkanalanordnung

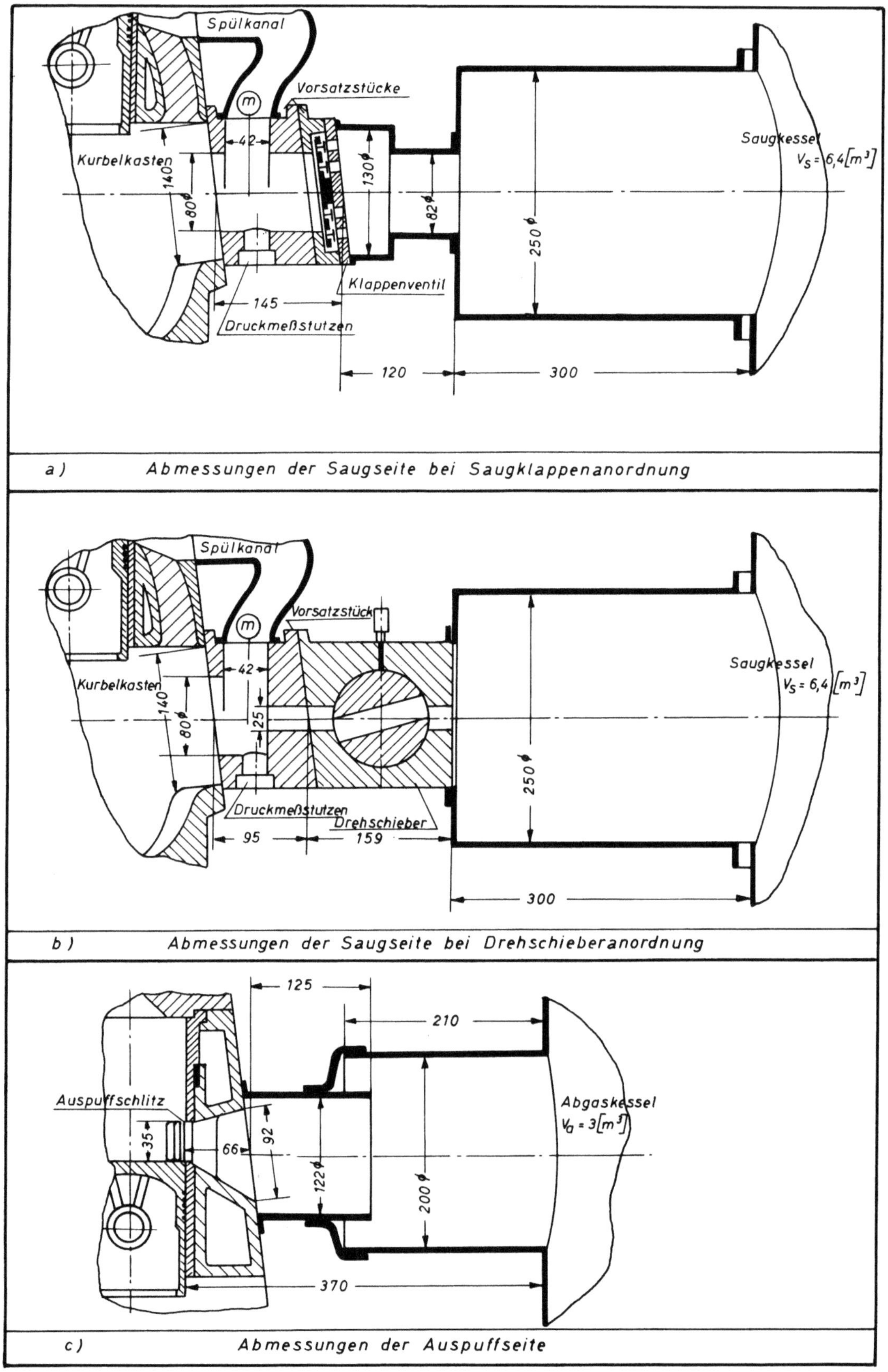

A b b i l d u n g   8

Abmessungen der Saug- und Auspuffseite

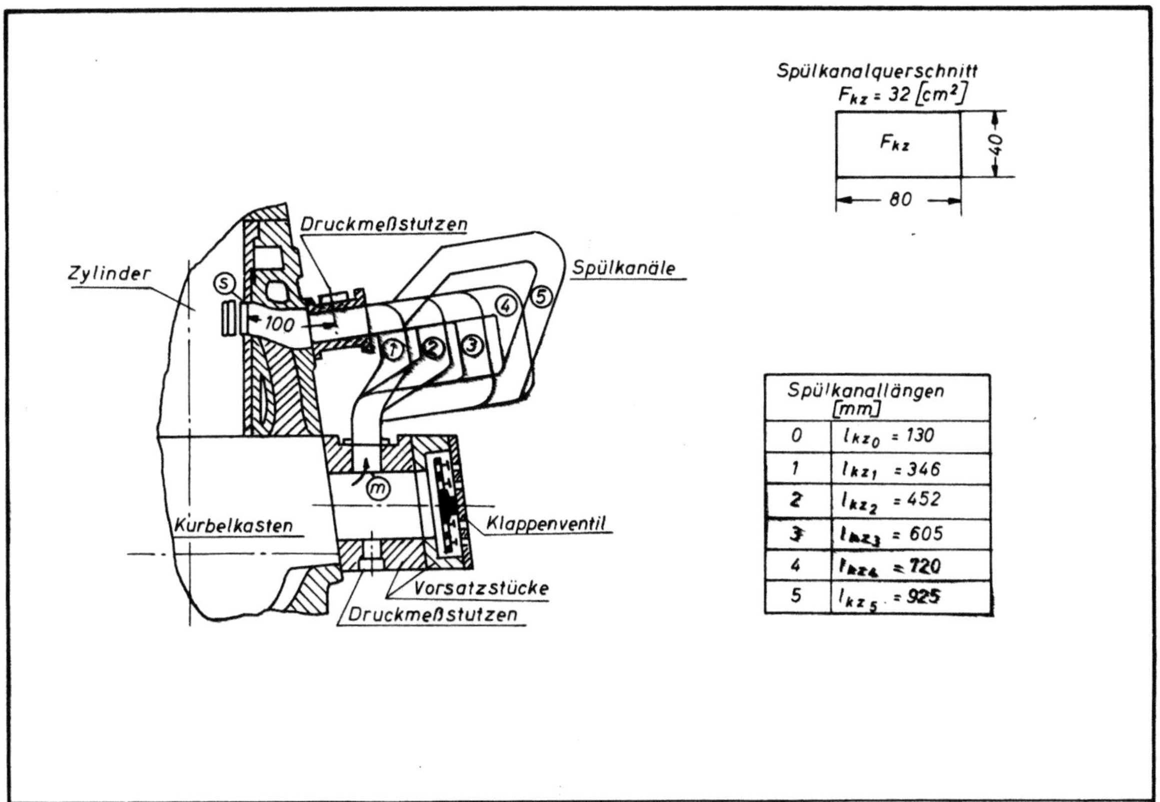

Spülkanallängen [mm]	
0	l_{kz_0} = 130
1	l_{kz_1} = 346
2	l_{kz_2} = 452
3	l_{kz_3} = 605
4	l_{kz_4} = 720
5	l_{kz_5} = 925

a) Abmessungen der Spülkanäle bei Saugklappenanordnung am Einlaß

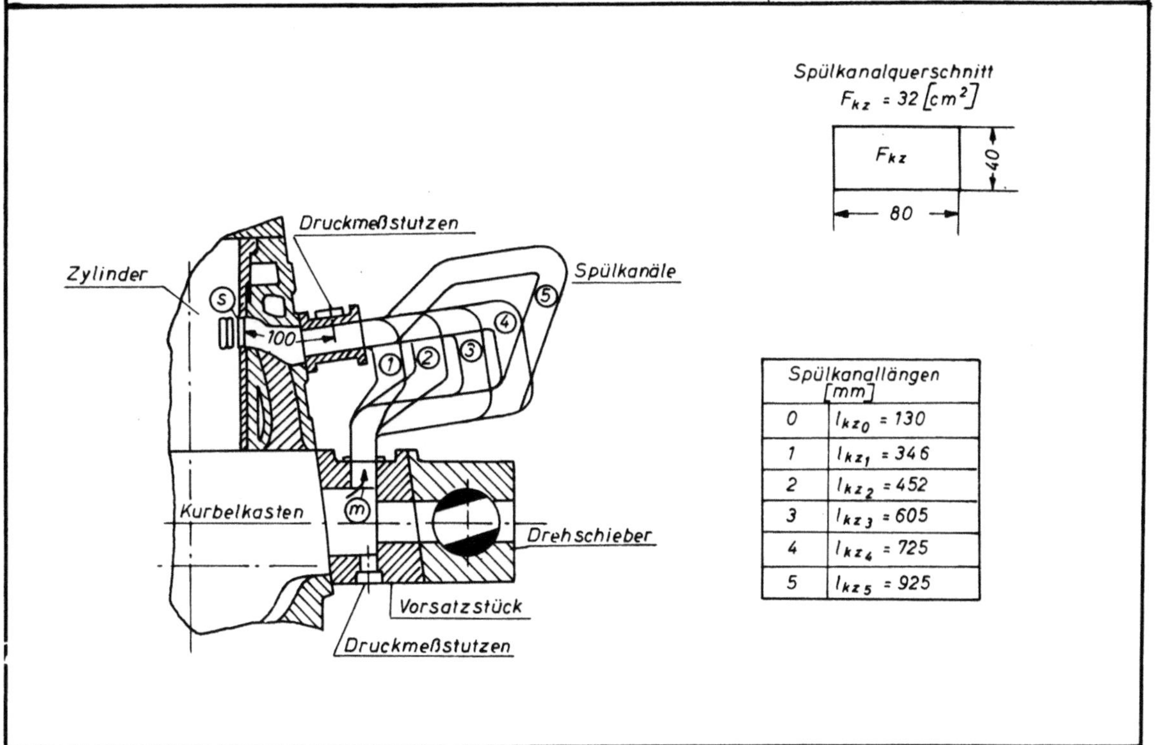

Spülkanallängen [mm]	
0	l_{kz_0} = 130
1	l_{kz_1} = 346
2	l_{kz_2} = 452
3	l_{kz_3} = 605
4	l_{kz_4} = 725
5	l_{kz_5} = 925

b) Abmessungen der Spülkanäle bei Drehschieberanordnung am Einlaß

A b b i l d u n g 9

Abmessungen des Spülkanals bei Saugklappen- und Drehschieberanordnung am Einlaß

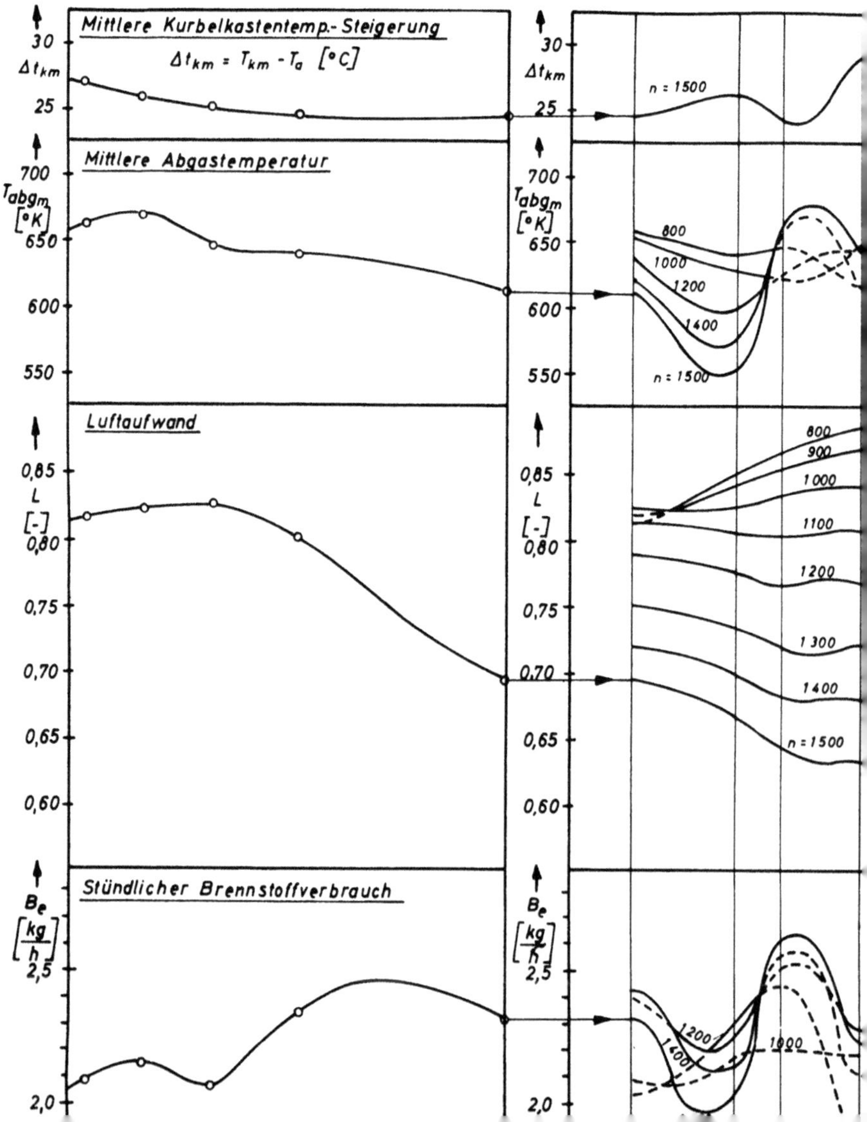
Mittlere Kurbelkastentemp.-Steigerung
Δt km = T km - T a [°C]
30
Δt km
25
n = 1500
Mittlere Abgastemperatur
700
T abg m
[°K]
650
600
550
800
1000
1200
1400
n = 1500
Luftaufwand
0,85
L
[-]
0,80
0,75
0,70
0,65
0,60
800
900
1000
1100
1200
1300
1400
n = 1500
Stündlicher Brennstoffverbrauch
B e
[kg/h]
2,5
2,0
1200
1400
1000

Vergleich der Kennfelder bei der Ausgangsspülkanalanordnung l_{kz_0} und bei der Spülkanalanordnung l_{kz} = 452 [mm] bei Vollast (Rauchgrenze).

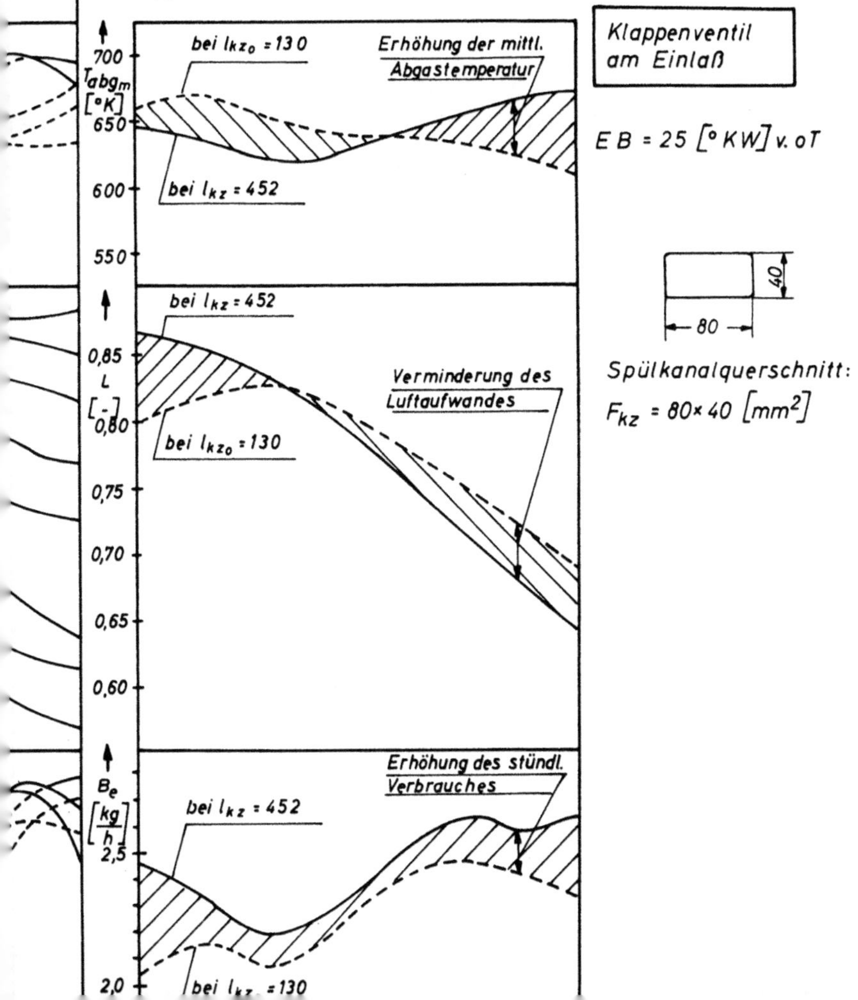

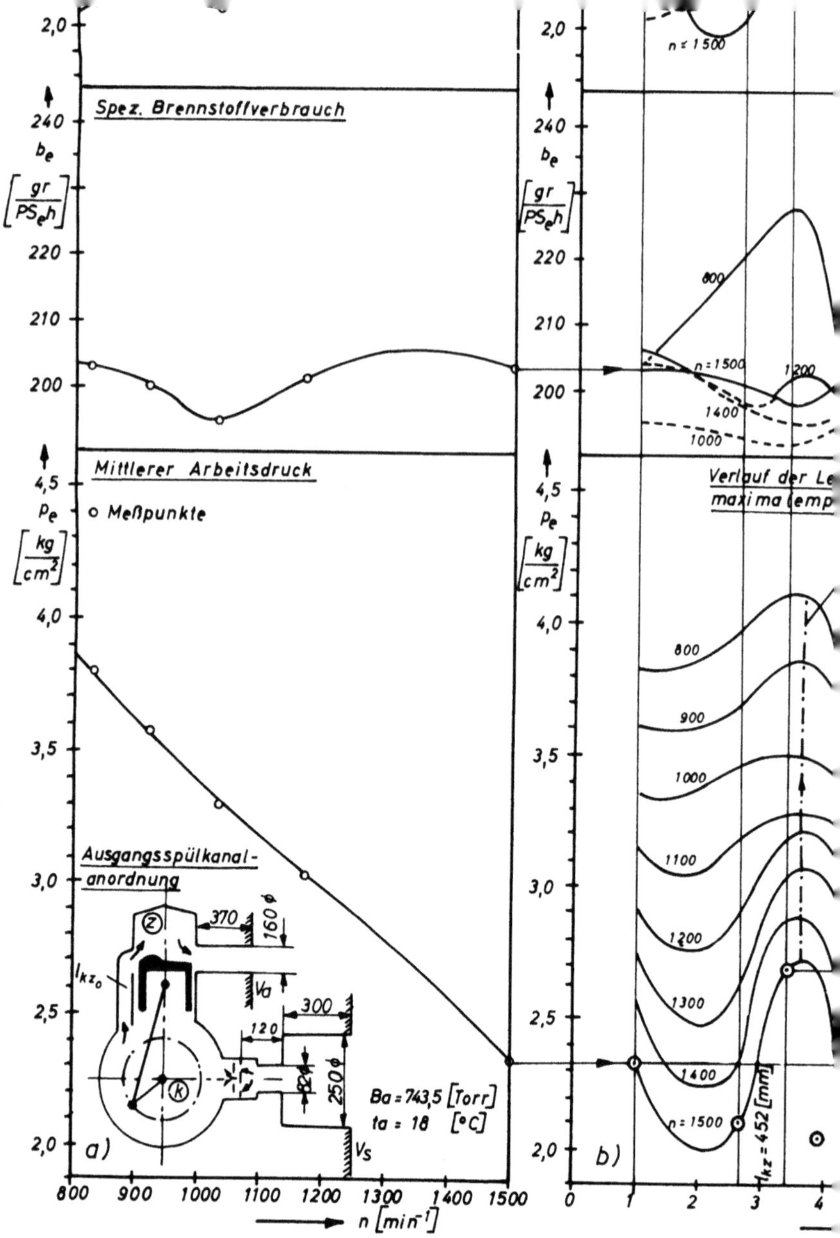

A b b i

Verlauf der Kennfeldgrößen als Funktion der Spülka

(Rauchgrenze); Maschine

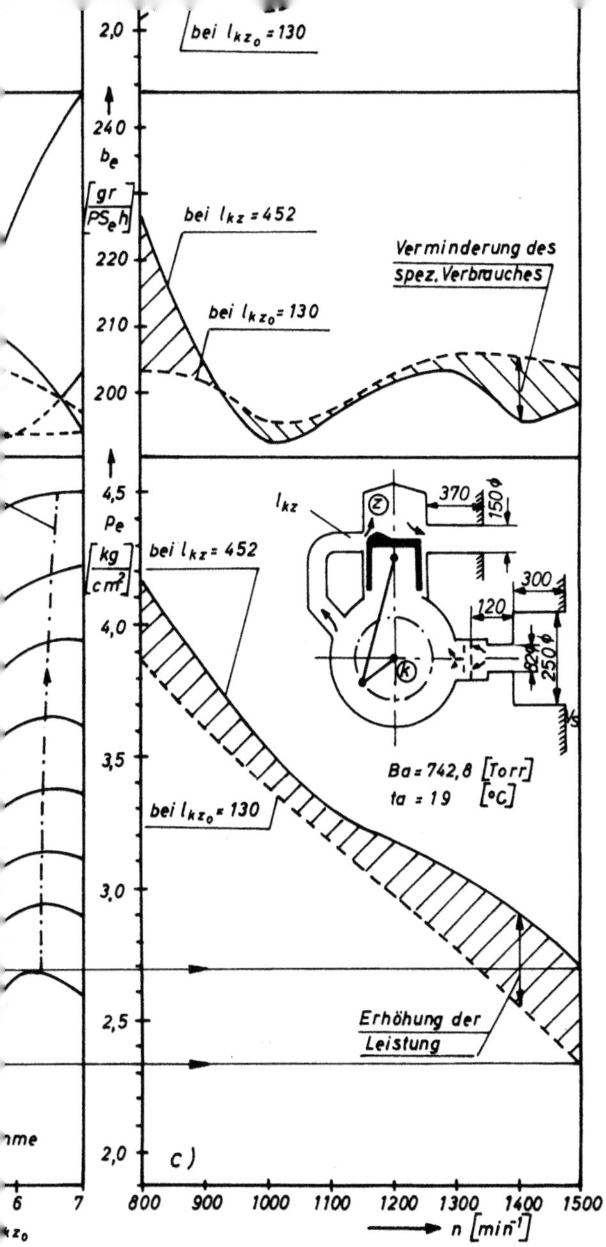

ıng 10

ıge l_{kz} bei konstantem Kanalquerschnitt und Vollast
ıugklappenventil am Einlaß

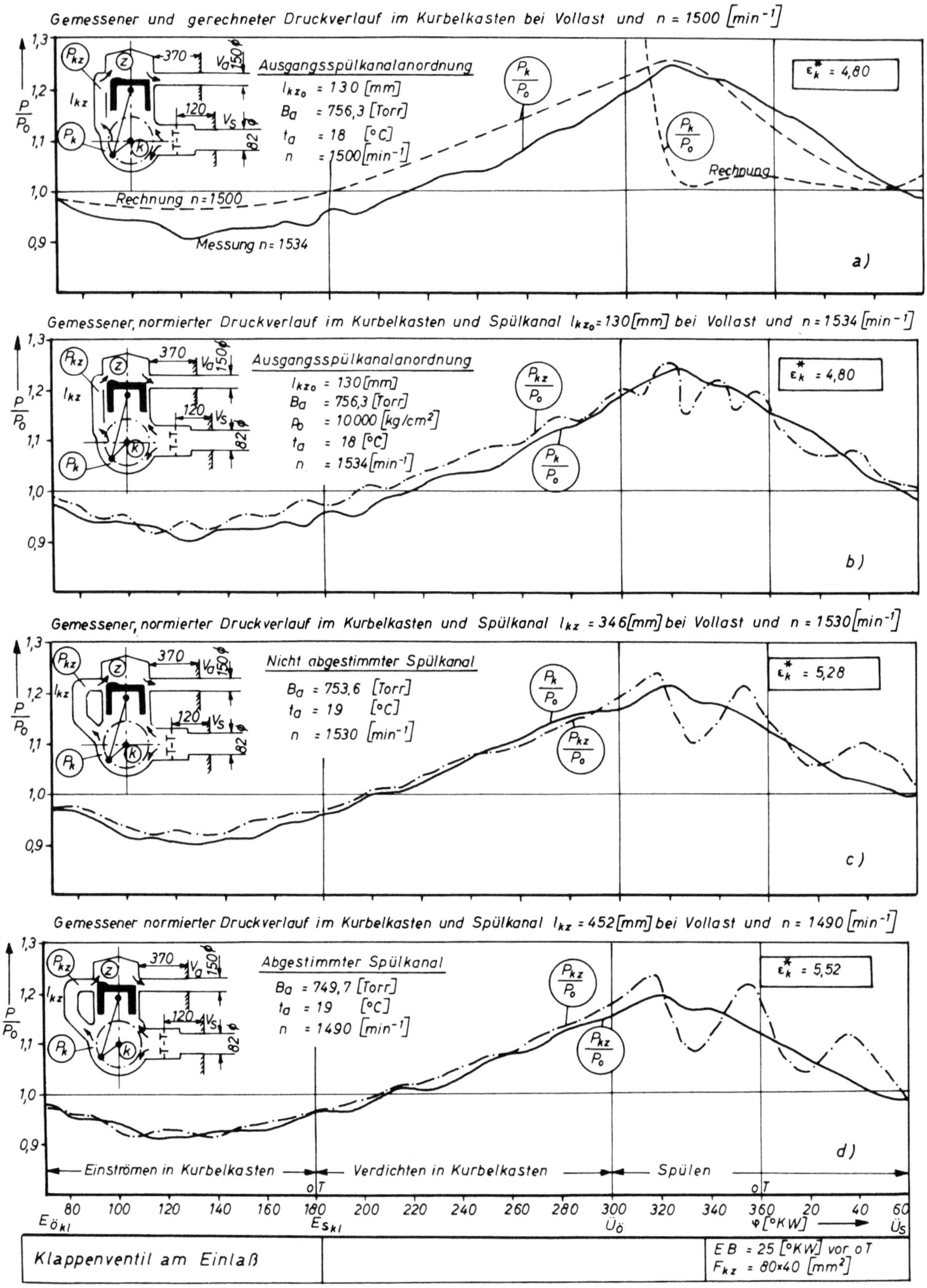

Abbildung 11

Gemessener Druckverlauf im Kurbelkasten und Spülkanal bei Vollast und bei verschiedenen Spülkanallängen

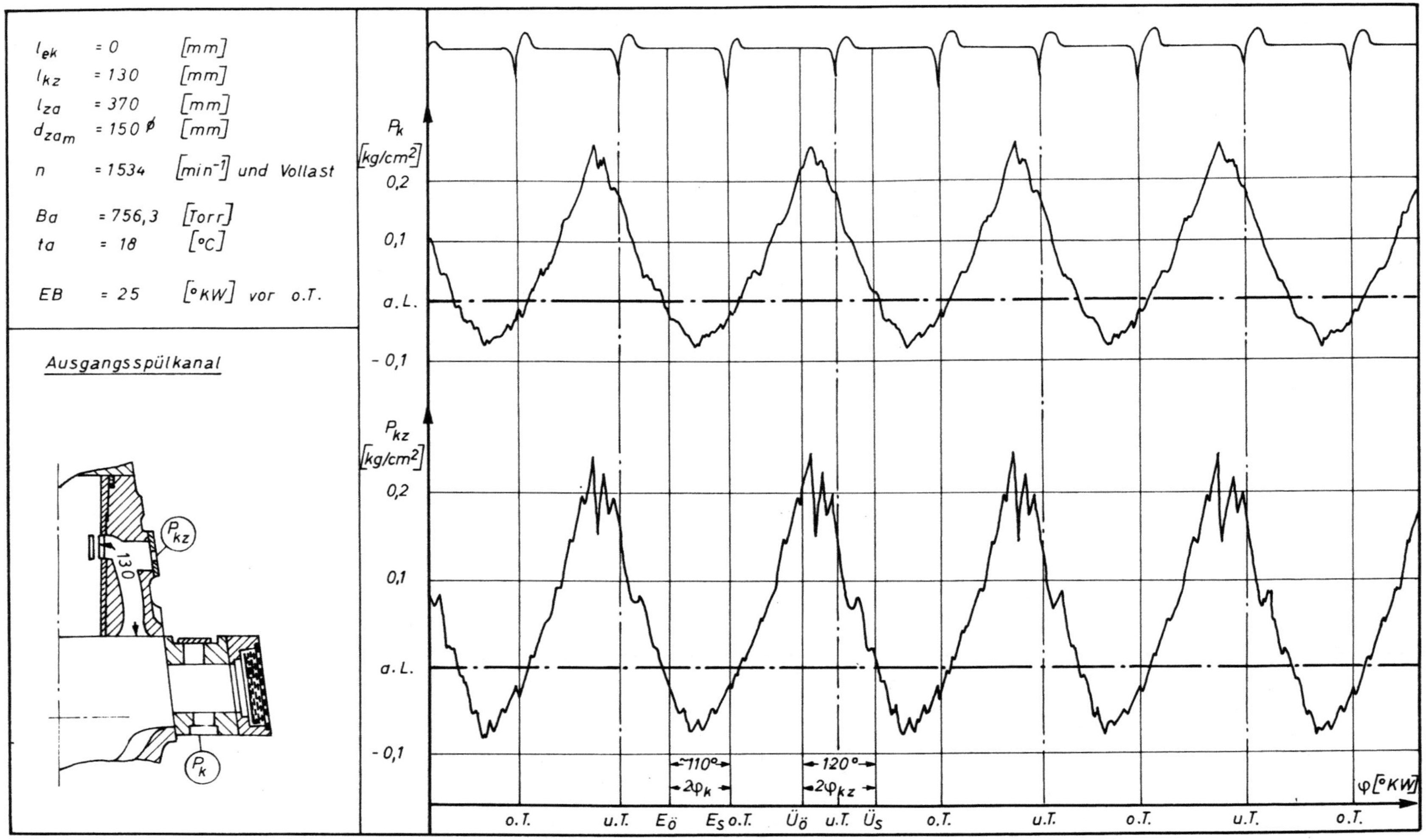

A b b i l d u n g 12

Gemessener Druckverlauf im Kurbelkasten und Spülkanal l_{kzo} = 130 [mm] bei Vollast und n = 1534 [min^{-1}]

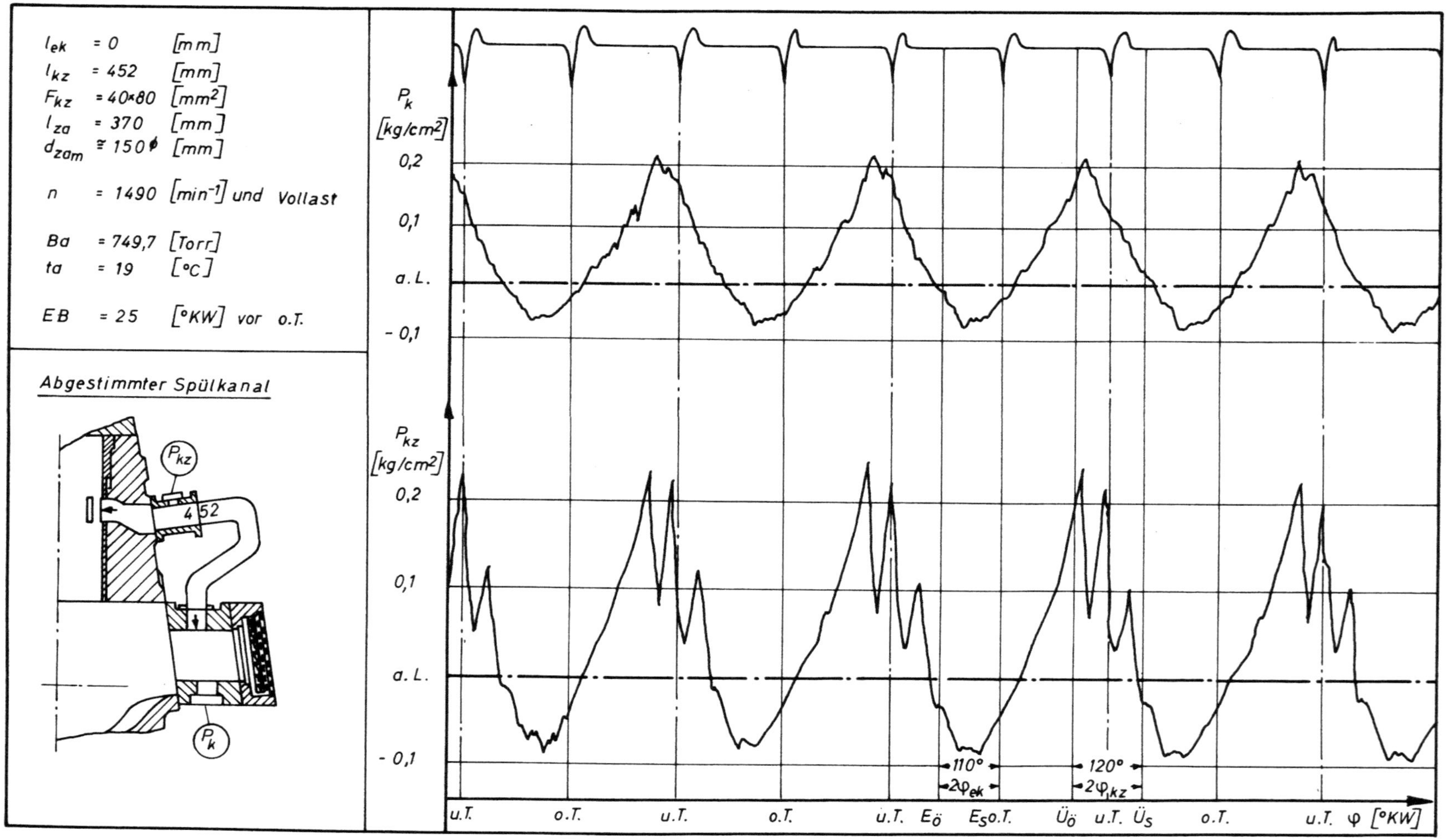

A b b i l d u n g 13

Gemessener Druckverlauf im Kurbelkasten und Spülkanal l_{kz} = 346 [mm] bei Vollast und n = 1530 [min^{-1}]

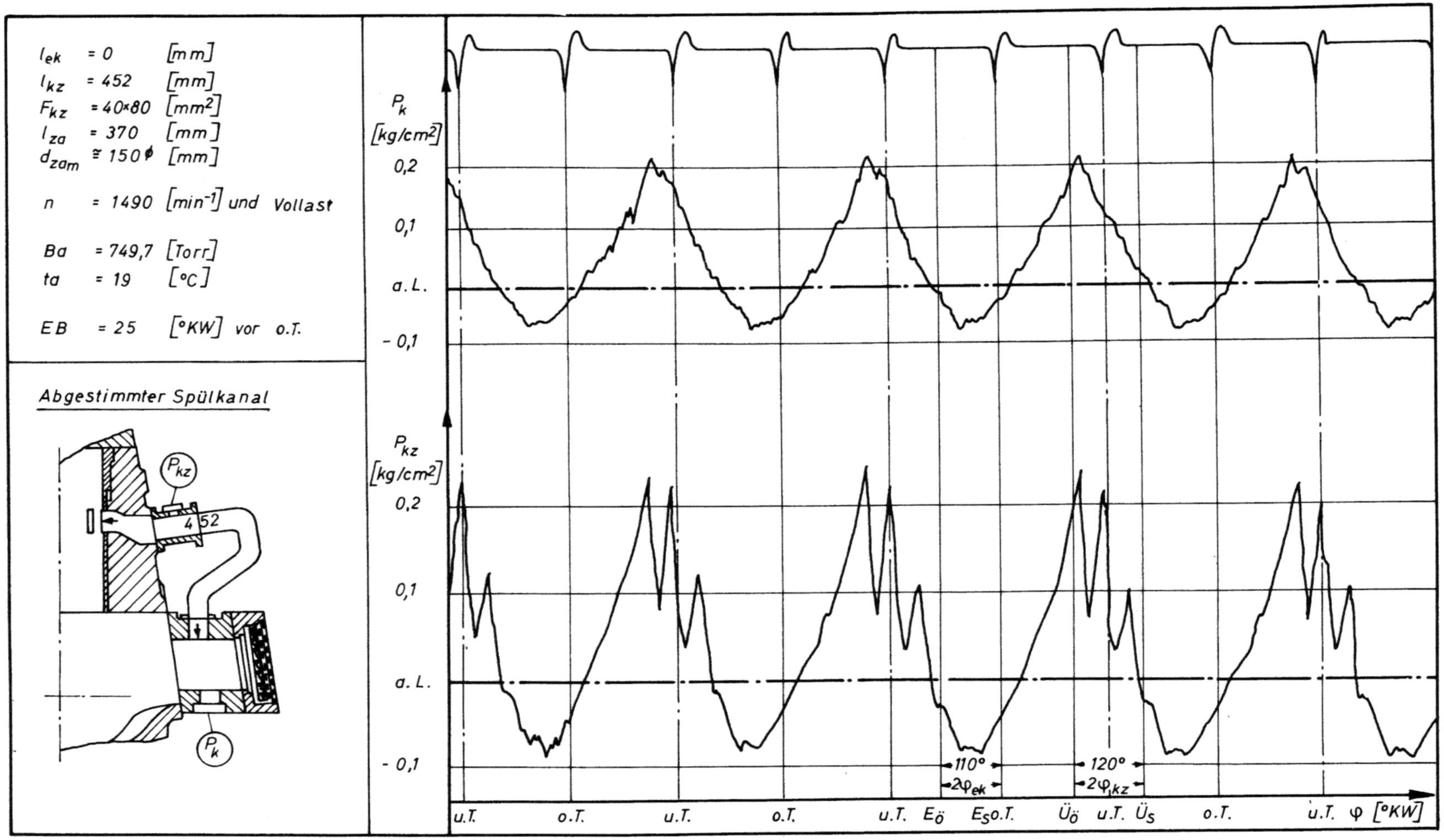

A b b i l d u n g 14

Gemessener Druckverlauf im Kurbelkasten und Spülkanal l_{kz} = 452 [mm] bei Vollast und n = 1490 [min^{-1}]

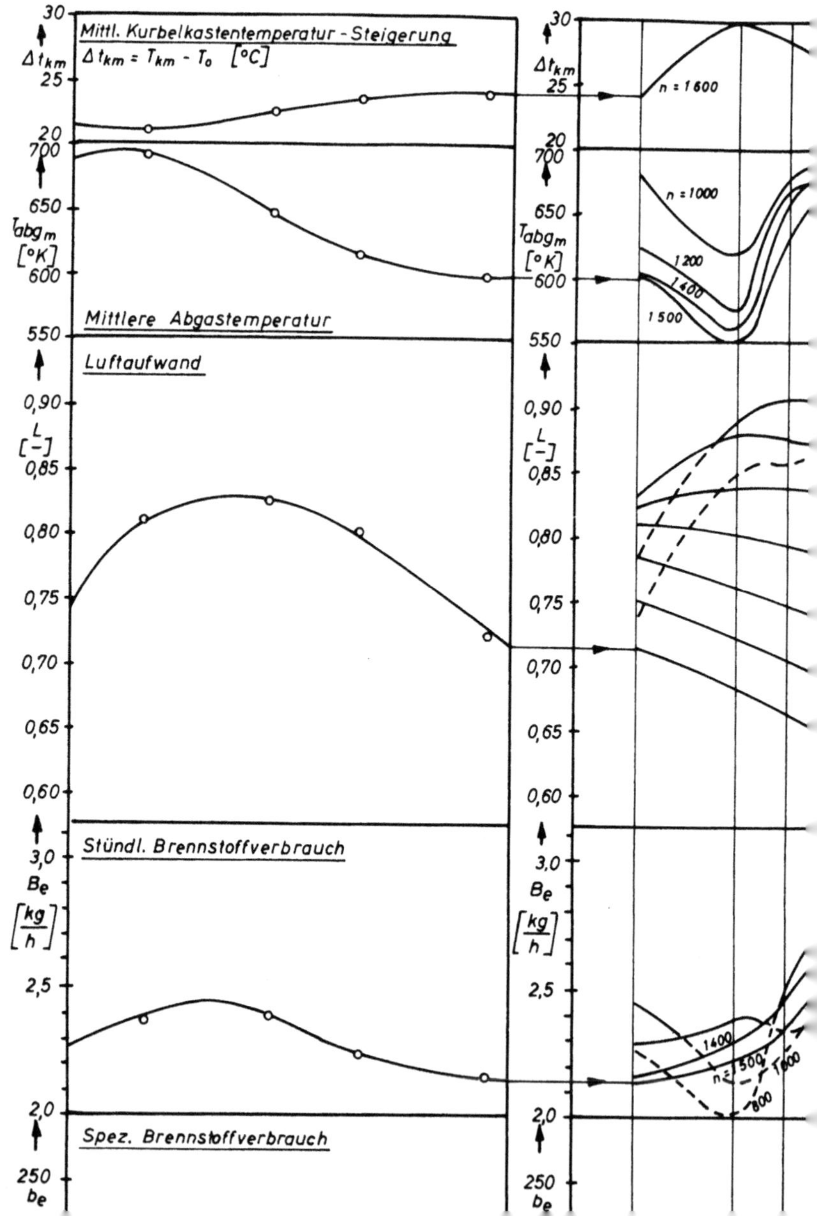
Mittl. Kurbelkastentemperatur - Steigerung
$\Delta t_{km} = T_{km} - T_o$ [°C]
Mittlere Abgastemperatur
Luftaufwand
Stündl. Brennstoffverbrauch
Spez. Brennstoffverbrauch
Δt_{km}
T_{abg_m} [°K]
L [–]
B_e [kg/h]
b_e
n = 1600
n = 1000
1200
1400
1500
n = 1500
1600
800

Vergleich der Kennfelder bei der Ausgangsspülkanalanordnung l_{kz_0} und bei der Spülkanalanordnung $l_{kz} = 605$ [mm] bei Vollast (Rauchgrenze)

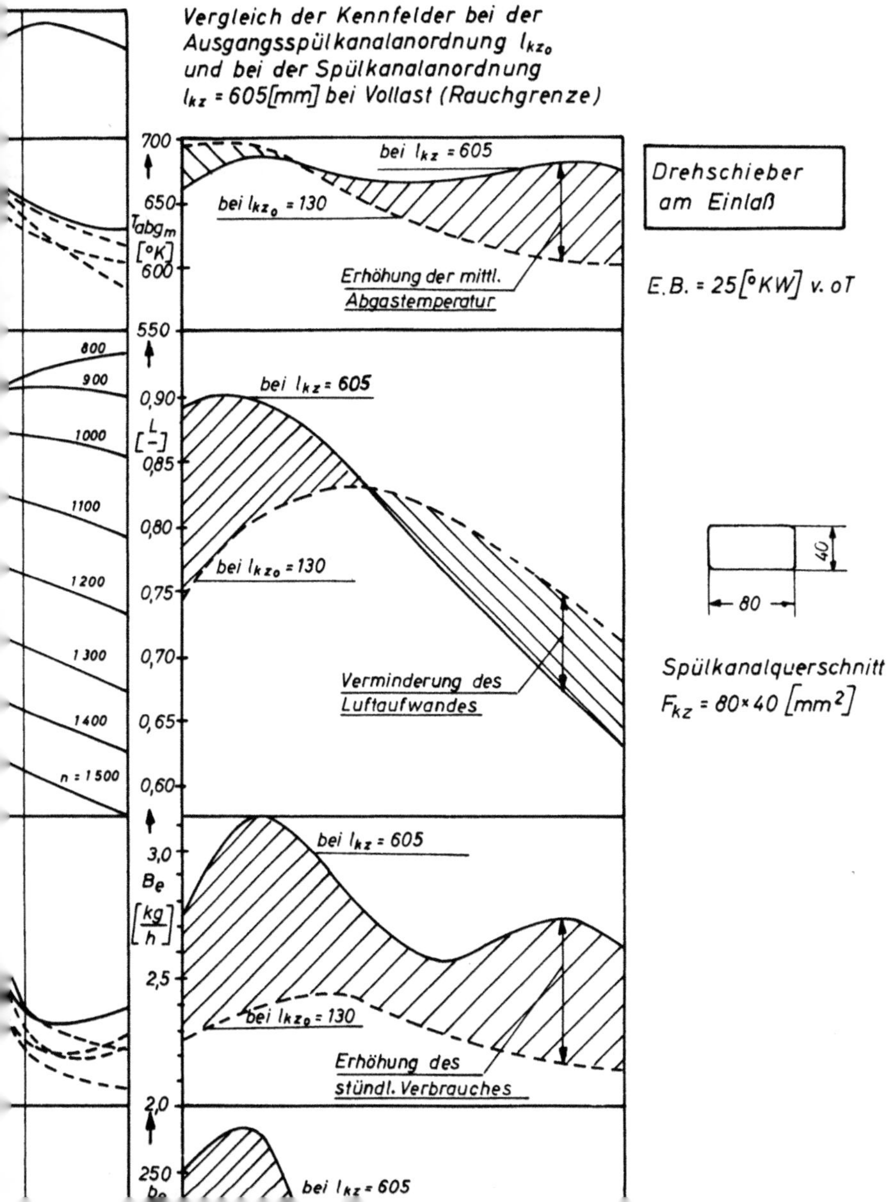

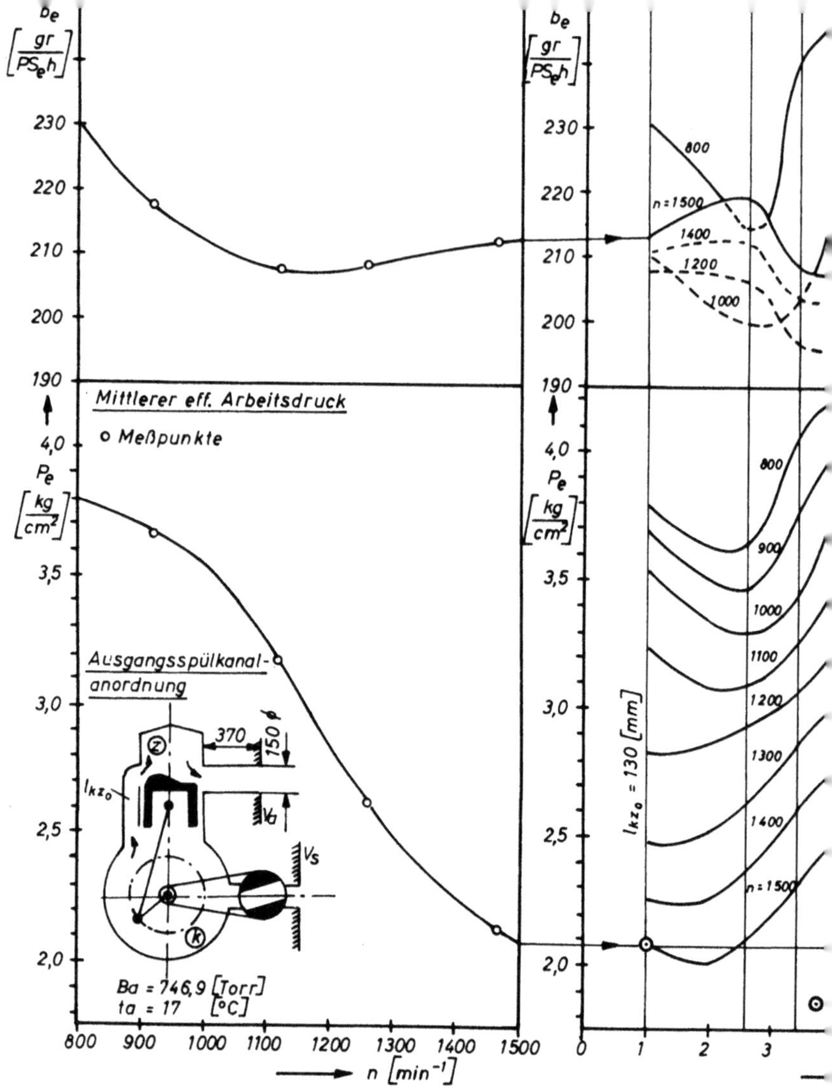

A b b

Verlauf der Kennfeldgrößen als Funktion der Spül

(Rauchgrenze); Masc

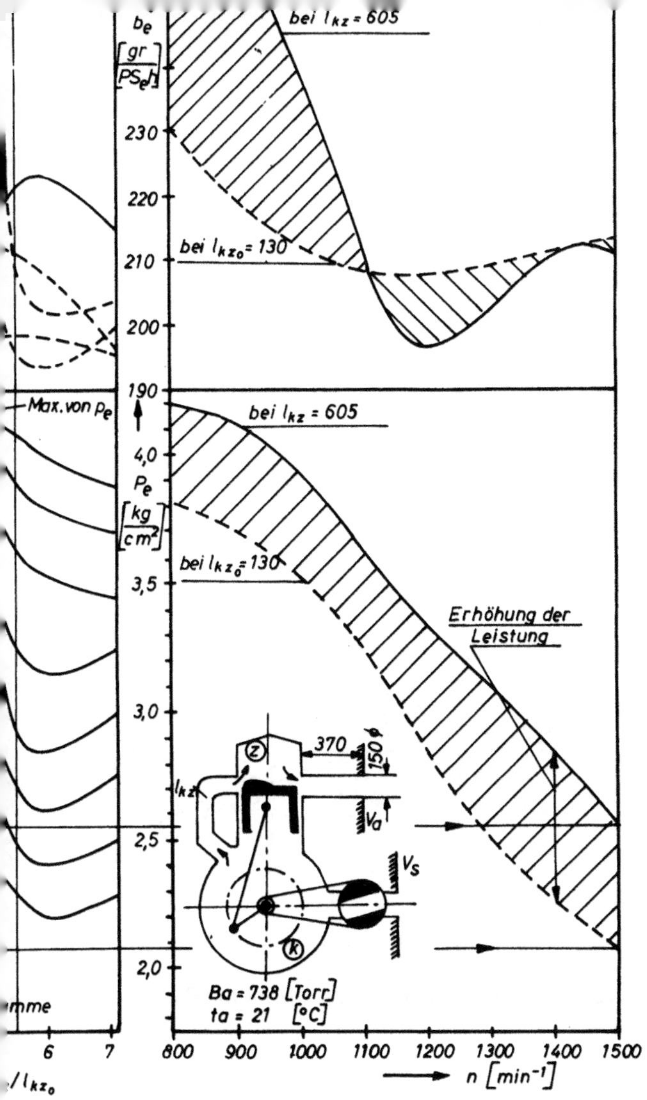

ung 15

änge l_{kz} bei konstantem Kanalquerschnitt und Vollast
it Drehschieber am Einlaß

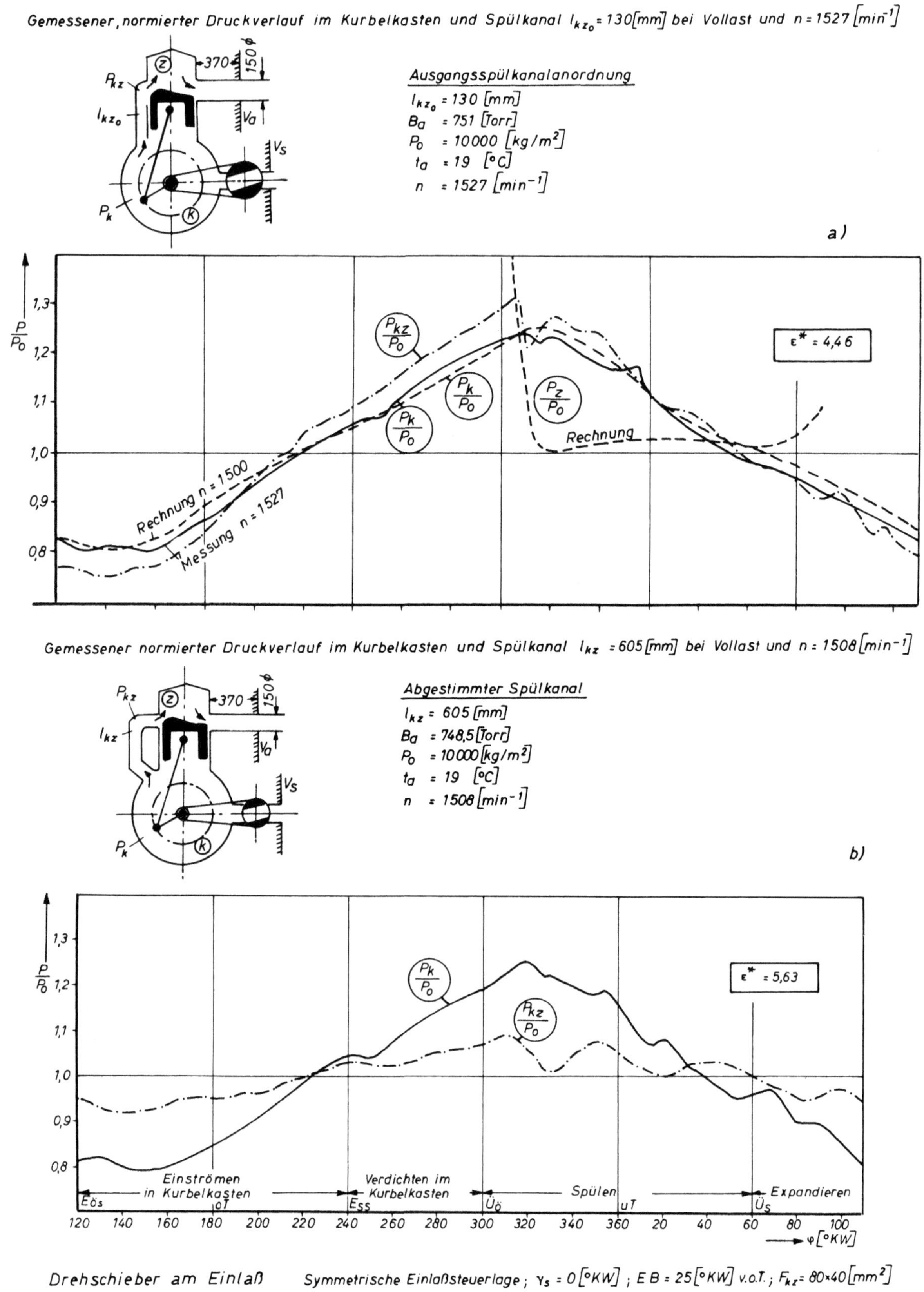

Abbildung 16

Gemessener Druckverlauf im Kurbelkasten und Spülkanal bei Vollast und bei verschiedenen Spülkanallängen

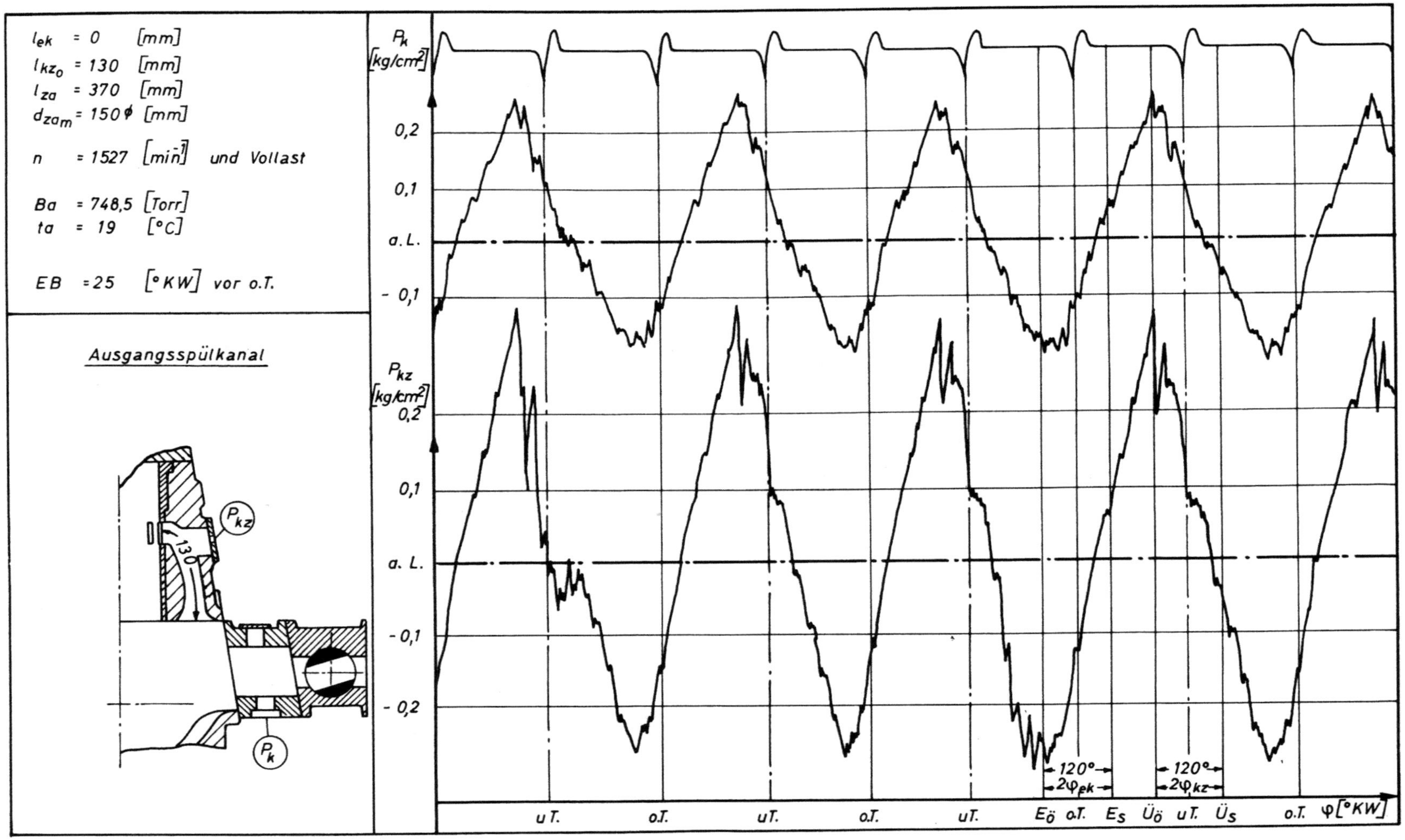

A b b i l d u n g 17a

Gemessener Druckverlauf im Kurbelkasten und Spülkanal l_{kz} = 130 [mm] bei Vollast und n = 1527 [min^{-1}]

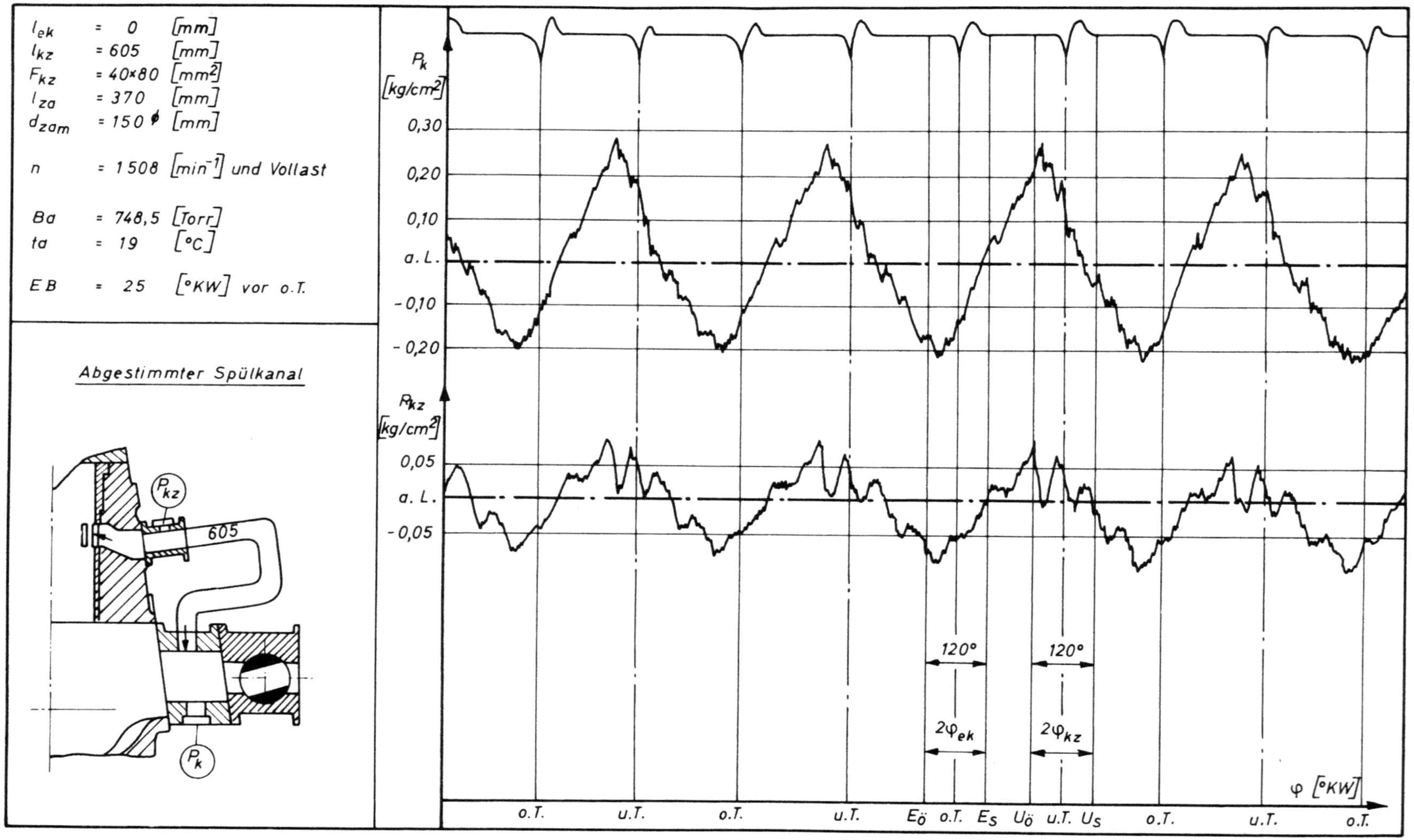

A b b i l d u n g 17b

Gemessener Druckverlauf im Kurbelkasten und Spülkanal l_{kz} = 605 [mm] bei Vollast und n = 1508 [min^{-1}]

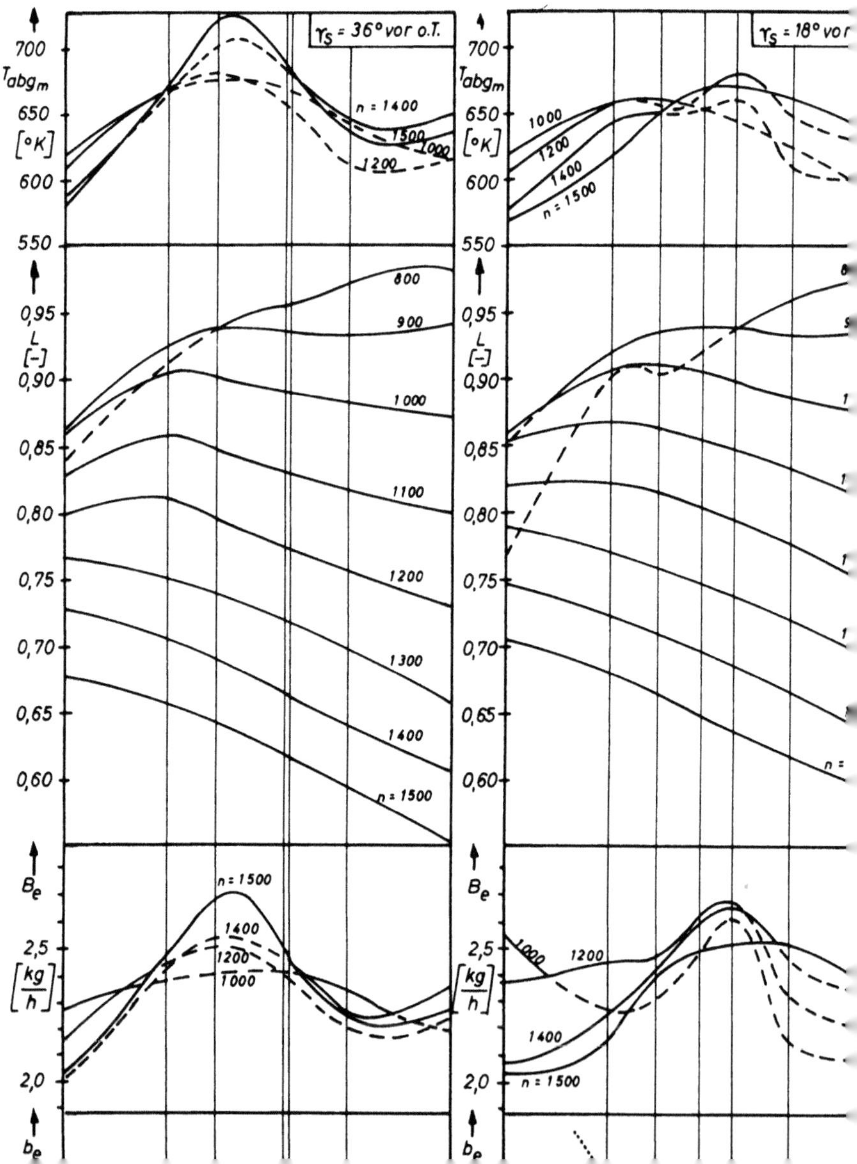

γS = 36° vor o.T.
700
Tabgm
650
[°K]
600
550
n = 1400
1500
1000
1200
0,95
L
[–]
0,90
0,85
0,80
0,75
0,70
0,65
0,60
800
900
1000
1100
1200
1300
1400
n = 1500
Be
2,5
[kg/h]
2,0
n = 1500
1400
1200
1000
be
γS = 18° vor
1000
1200
1400
n = 1500
1000
1200
1400
n = 1500

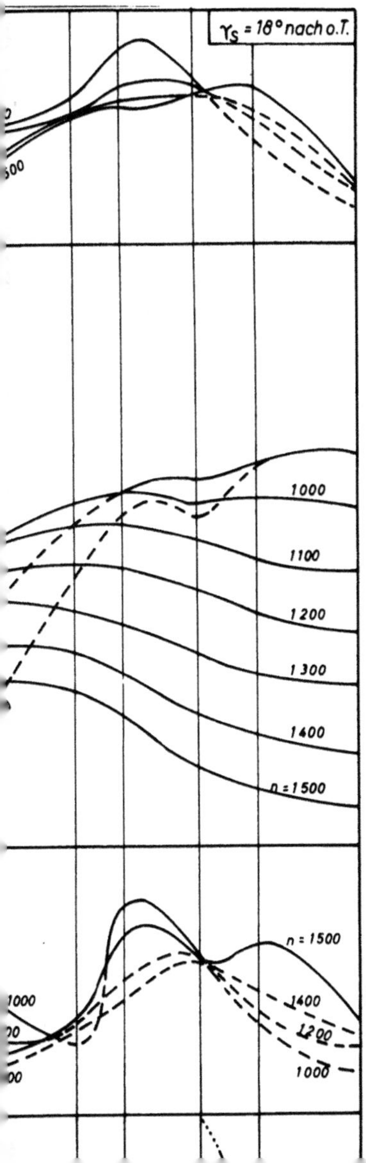

Drehschieber am Einlaß

$EB = 25$ °KW vor oT

Spülkanalquerschnitt
$F_{kz} = 80 \times 40$ [mm^2]

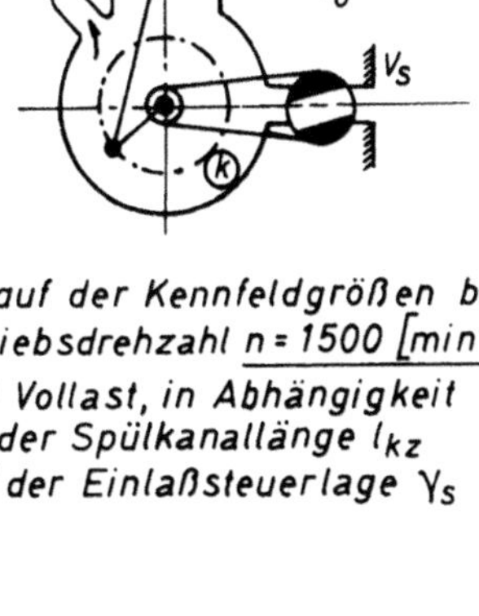

Verlauf der Kennfeldgrößen bei Betriebsdrehzahl $n = 1500$ [min^{-1}] und Vollast, in Abhängigkeit von der Spülkanallänge l_{kz} und der Einlaßsteuerlage γ_s

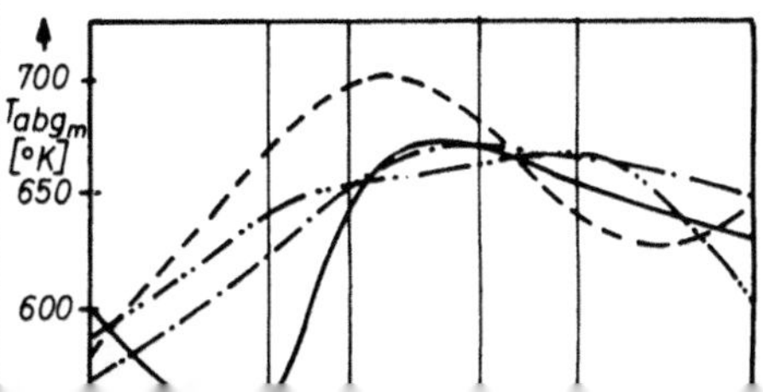

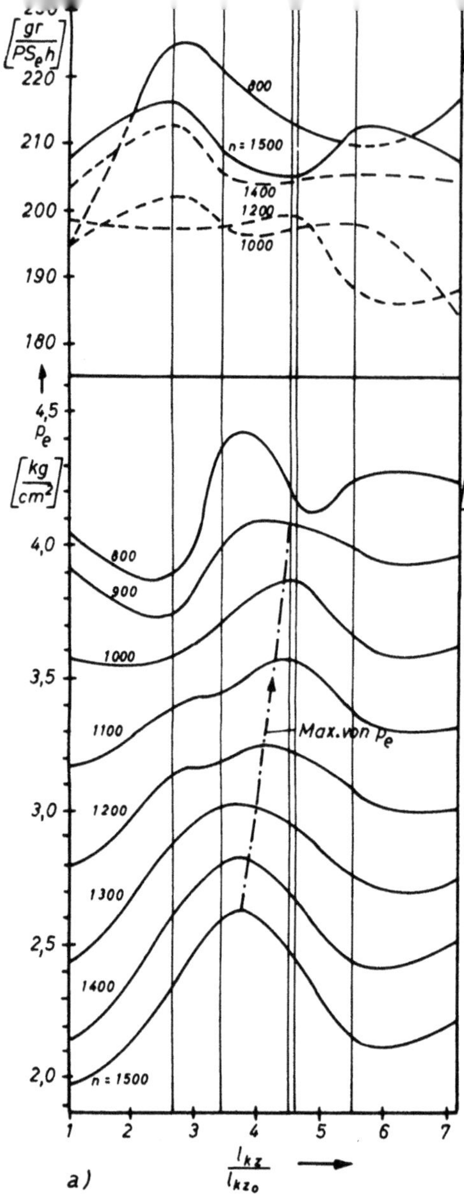

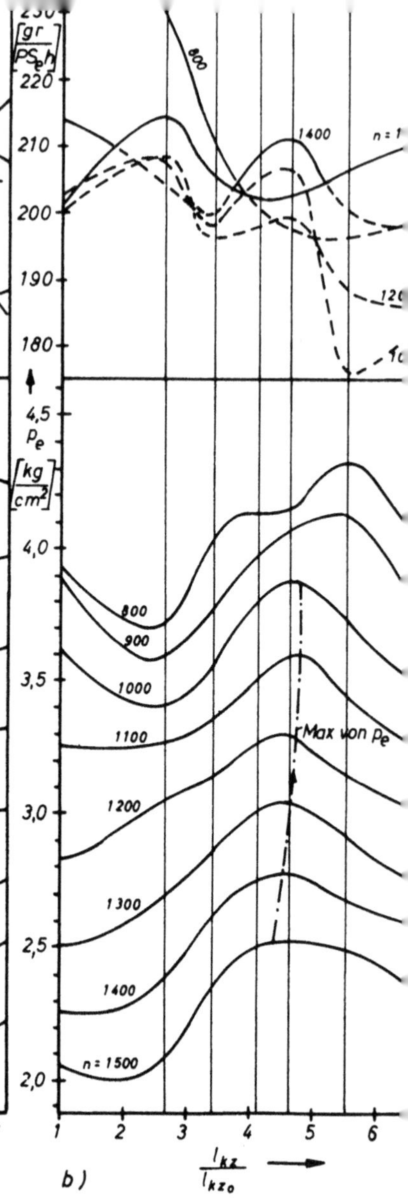

A b b i

Verlauf der Kennfeldgrößen als Funktion der Spülka

(Rauchgrenze) und bei ve

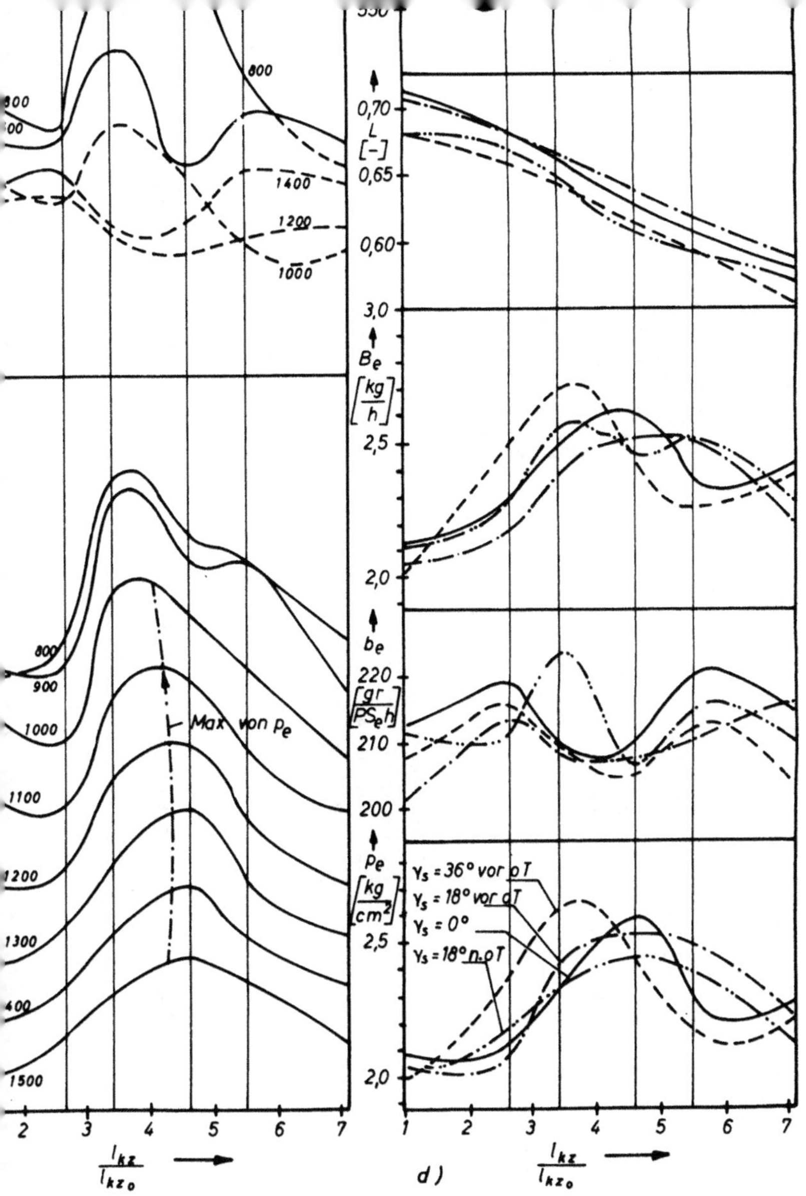

g 18

l_{kz} bei konstantem Kanalquerschnitt und Vollast
nen Einlaßsteuerlagen

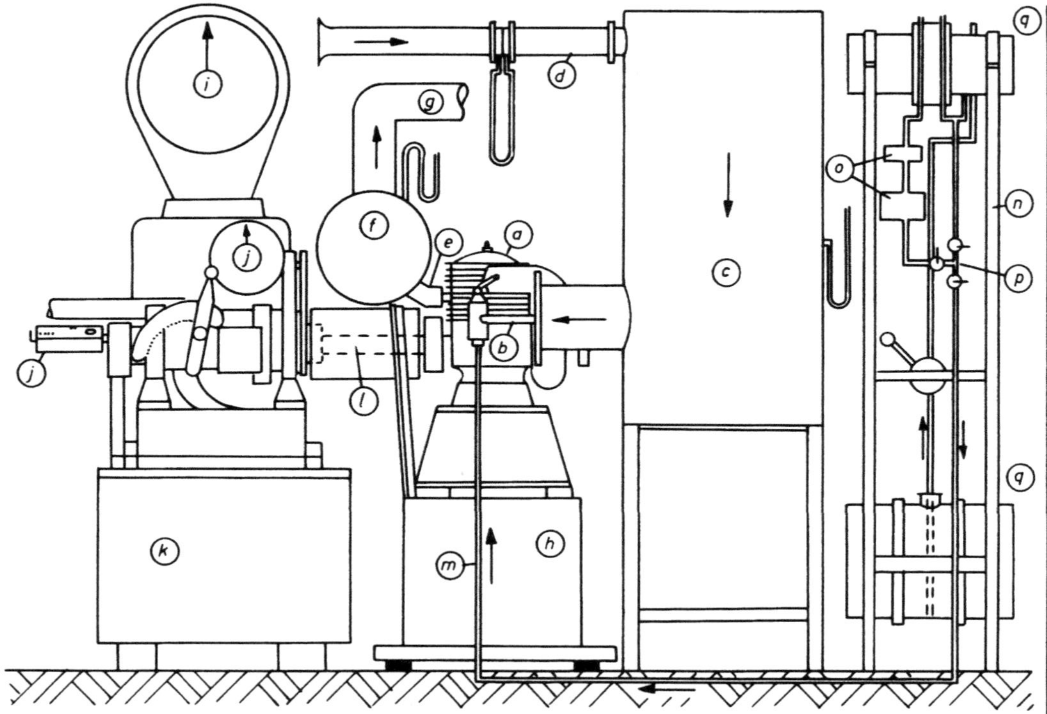

a Versuchsmotor, Stamo 360
b Saugrohrstutzen
c Saugkessel
d Luftmeßvorrichtung (m = 0,216)
e Abgasstutzen
f Abgaskessel
g Abgassammelleitung
h Motorfundament
i Leistungsbremse
j Drehzahlmeßgerät
k Fundament der Leistungsbremse
l Kardanwelle
m Brennstoffmeßleitung
n Brennstoffmeßstand
o Brennstoffmeßgefäße
p Sperrhähne
q Tank

A b b i l d u n g 19

Schema des Versuchsstandes

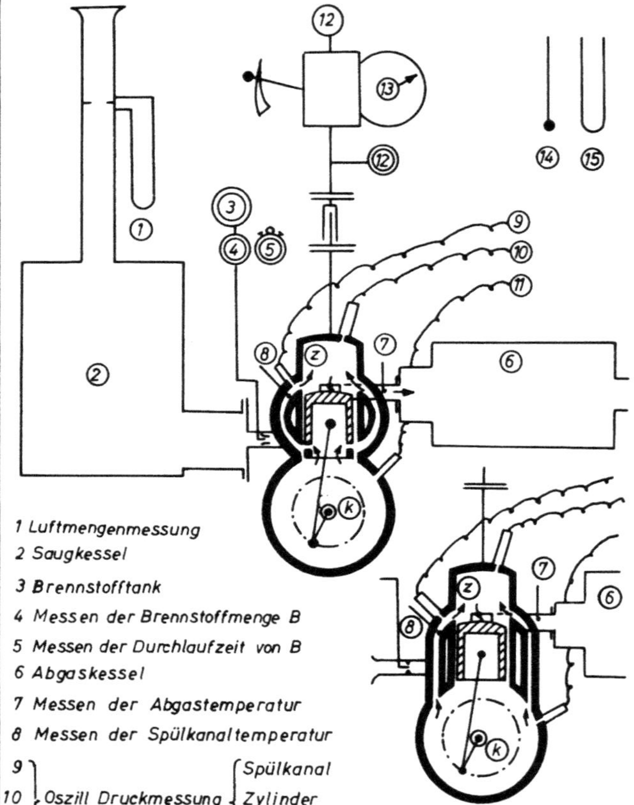

1 Luftmengenmessung
2 Saugkessel
3 Brennstofftank
4 Messen der Brennstoffmenge B
5 Messen der Durchlaufzeit von B
6 Abgaskessel
7 Messen der Abgastemperatur
8 Messen der Spülkanaltemperatur
9, 10, 11 Oszill Druckmessung: Spülkanal, Zylinder, Kurbelkasten
12 Drehzahlmessung
13 Messen der Belastung
14 Messen der Außentemperatur
15 Messen des Barometerstandes

A b b i l d u n g 20

Meßstellenschema bei einfach- und doppelgesteuerten Spülkanälen

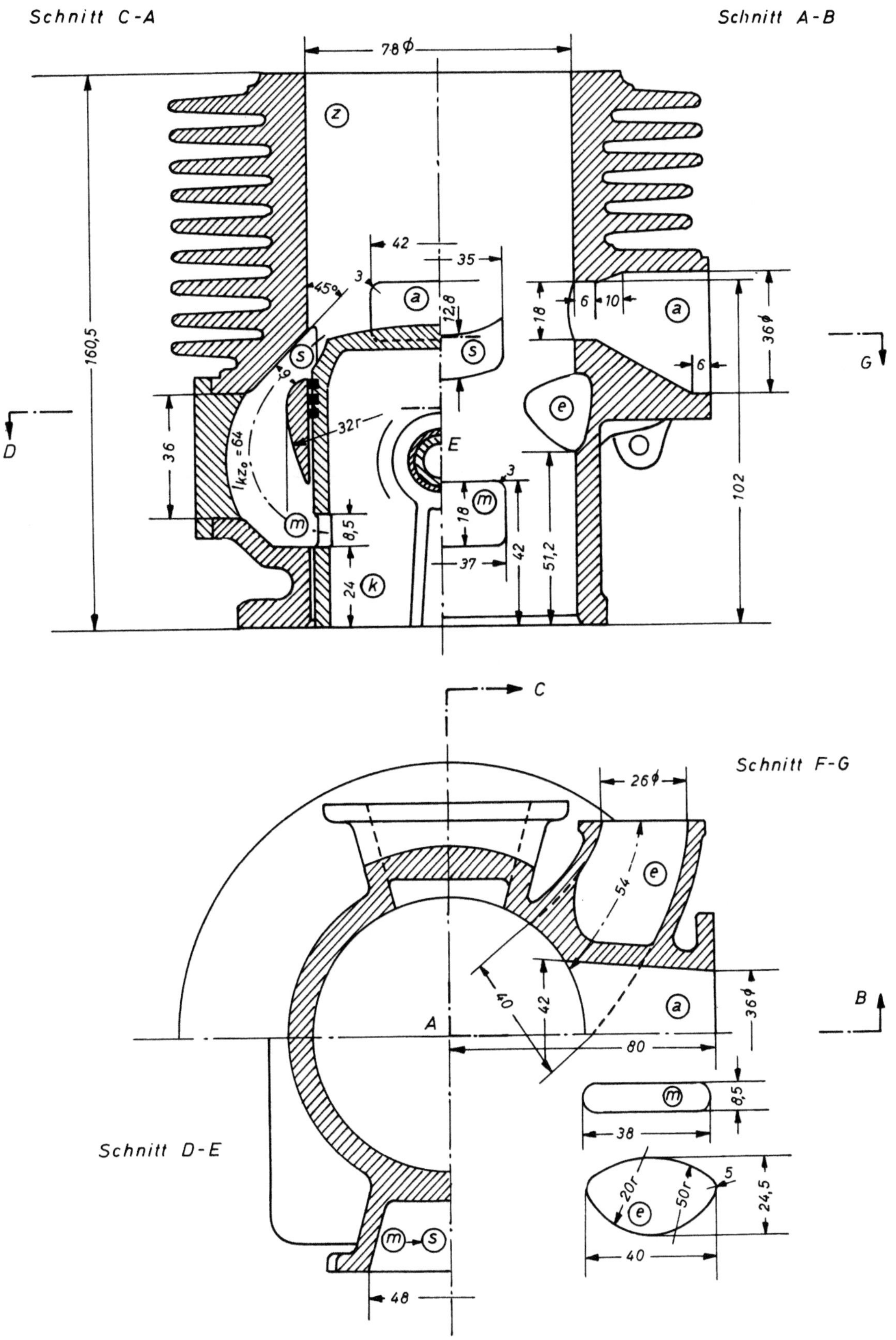

A b b i l d u n g 21

Querschnitt des Zylinderblockes bei doppelgesteuerter Spülkanalanordnung der Firmenausführung

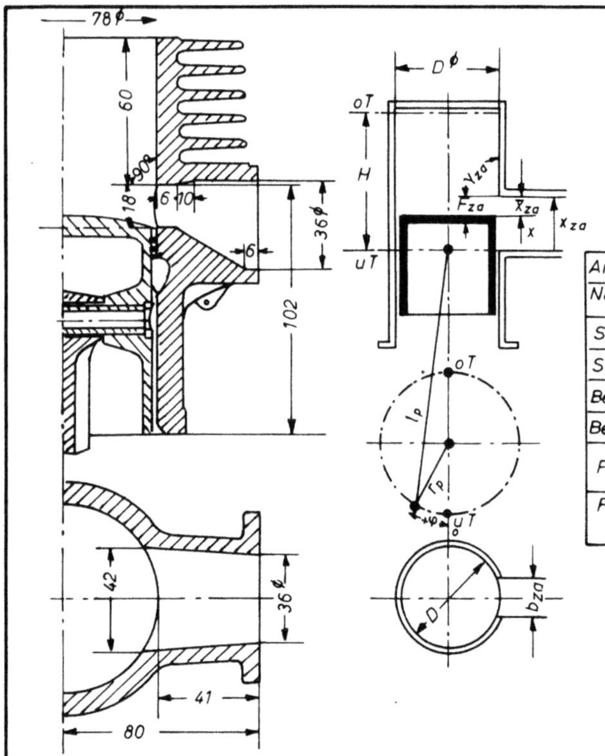

Anzahl der Schlitze	$z = 1$	[-]
Neigungswinkel gegen Zylinderachse	$\gamma_{za} = 90$	[°]
Schlitzhöhe	$x_{za} = 18$	[mm]
Schlitzbreite	$b_{za} = 42$	[mm]
Bezogene Schlitzhöhe	$\sigma_{za} = \frac{x_{za}}{H} = 0,24$	[-]
Bezogene Schlitzbreite	$\beta_{za} = \frac{b_{za}}{\pi \cdot D} = 0.1715$	[-]
Formbeiwert	$k_{za} = \pi \cdot \beta_{za} \sin \gamma_{za}$ $k_{za} = 0,538$	[-]
Freie geometrische Schlitzöffnung	$F_{za} = D \cdot H \cdot k_{za} [\sigma_{za} - \sigma]$ $F_{za} = 31,5 [0,24 - \sigma] \cdot 10^{-4}$	[m²]

Steuerung durch Kolbenoberkante

Auslaßschlitz — a) Schema zur Bestimmung von F_{ek} nach [6]

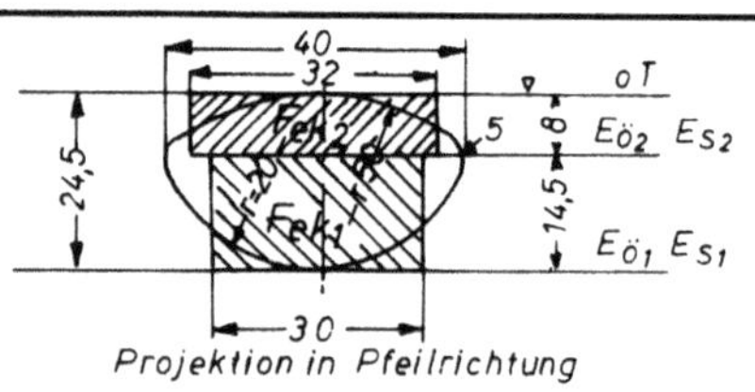

$F_{ek} = F_{ek_1} + F_{ek_2}$

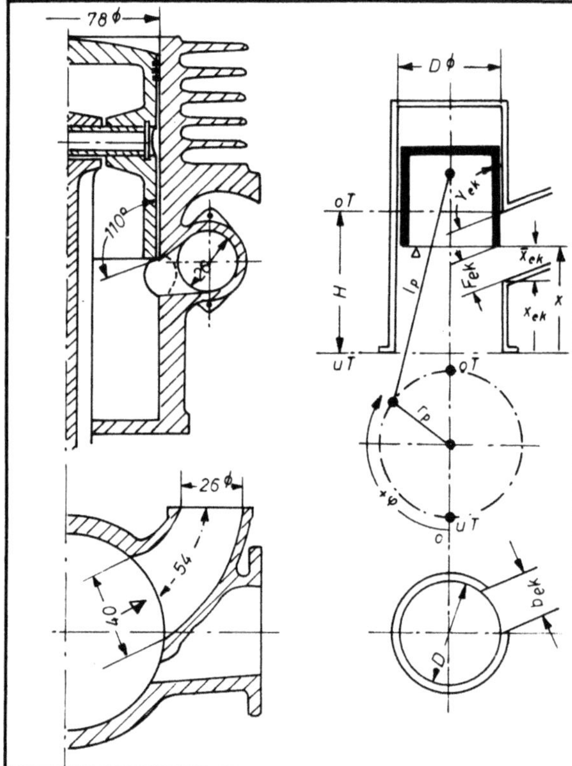

	F_{ek_1}	F_{ek_2}	
Anzahl d. Schlitze	$z = 1$	$z = 1$	[-]
Neigungswinkel gegen Zylinderachse	$\gamma_{ek_1} = 110$	$\gamma_{ek_2} = 110$	[°]
Schlitzhöhe	$x_{ek_1} = 51,2$	$x_{ek_2} = 67,7$	[mm]
Schlitzbreite	$b_{ek_1} = 30$	$b_{ek_2} = 32$	[mm]
Bezog. Schlitzhöhe	$\sigma_{ek_1} = 0,682$	$\sigma_{ek_2} = 0,902$	[-]
Bezog. Schlitzbreite	$\beta_{ek_1} = 0,1225$	$\beta_{ek_2} = 0,1308$	[-]
Formbeiwert	$k_{ek_1} = 0,361$	$k_{ek_2} = 0,385$	[-]
Freie geometrische Schlitzöffnung	$F_{ek_1} = 21,1[\sigma - 0,682] 10^{-4}$	$F_{ek_2} = 22,6[\sigma - 0,902] 10^{-4}$	[m²]

Steuerung durch Kolbenunterkante

Einlaßschlitz — b) Schema zur Bestimmung von F_{ek} nach [6]

Abbildung 22

Abmessungen des Einlaßschlitzes und des Auslaßschlitzes

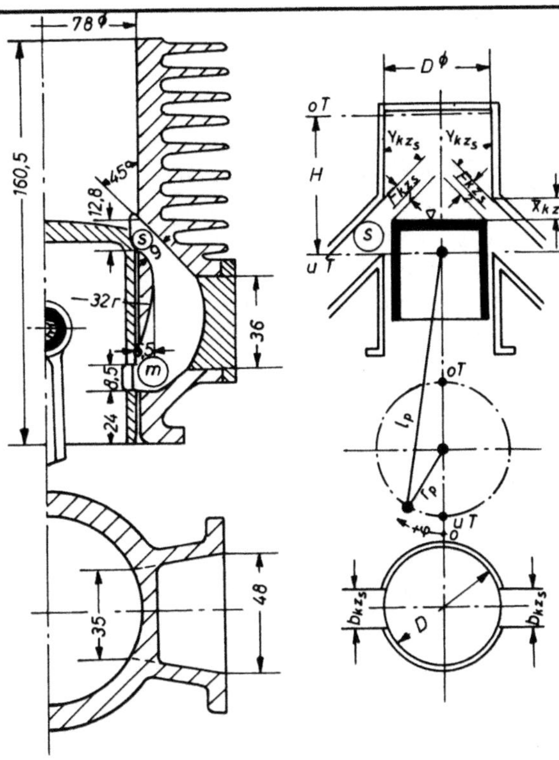

Anzahl der Schlitze	$z = 2$	[-]
Neigungswinkel gegen Zylinderachse	$\gamma_{kz_s} = 45$	[°]
Schlitzhöhe	$x_{kz_s} = 12{,}8$	[mm]
Schlitzbreite (Summe)	$\Sigma b_{kz_s} = 70$	[mm]
Bezogene Schlitzhöhe	$\sigma_{kz_s} = 0{,}1708$	[-]
Bezogene Schlitzbreite*	$\beta_{kz_s} = 0{,}286$	[-]
Formbeiwert *	$K_{kz_s} = 0{,}642$	[-]
Freie geometrische Schlitzöffnung *	$F_{kz_s} = 37{,}5\,[0{,}1708 - \sigma]\,10^{-4}$	[-]

* Formeln für β, K, F siehe Abb. 22

Steuerung durch Kolbenoberkante

Spülschlitze	a)	Schema zur Bestimmung von F_{kz_s} an der Stelle S nach [6]

Steuerung durch scharfkantige Schlitze im Kolben

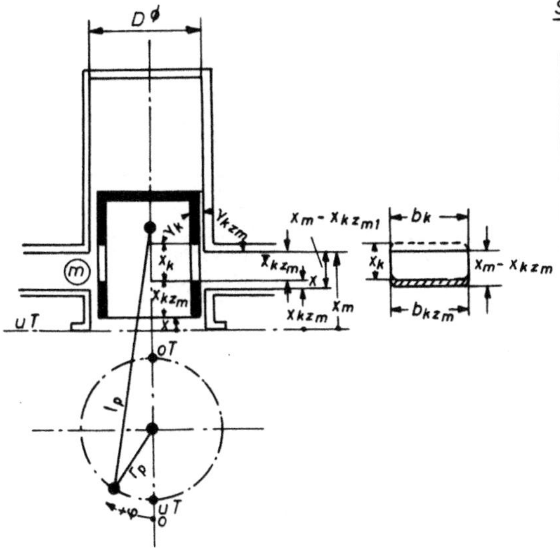

Anzahl der Schlitze	$z = 2$	[-]
Neigungswinkel im Zylindergehäuse	$\gamma_{kz_m} = 90$	[°]
Neigungswinkel im Kolben	$\gamma_k = 90$	[°]
Schlitzhöhe im Zylindergehäuse	$x_m - x_{kz_m} = 18$	[mm]
Schlitzhöhe im Kolben	$x_k = 8{,}5$	[mm]
Schlitzbreite (Summe) im Zylindergehäuse	$\Sigma b_{kz} = 74$	[mm]
Schlitzbreite (Summe) i. Kolben	$\Sigma b_k = 76$	[mm]
Bezog. Schlitzhöhe i. Zyl.-Gehäuse	$\sigma_m = \frac{42}{75} = 0{,}56$	[-]
Bezog. Schlitzhöhe im Kolben	$\sigma_k = \frac{8{,}5}{75} = 0{,}1135$	[-]
Bezog. Schlitzbreite i. Zyl.-Geh.	$\beta_{kz_m} = 0{,}302$	[-]
Bezog. Schlitzbreite im Kolben	$\beta_k = 0{,}31$	[-]
Formbeiw. d. Schlitze i. Zyl.-Geh.	$K_{kz_m} = 0{,}95$	[-]
Freie geometrische Mündungsschlitzöffnung im Zylindergehäuse	$F_{kz_{m1}} = D \cdot H \cdot K_{kz_m}[\sigma_m - (\sigma_{kz_m} + \sigma)]$ $F_{kz_{m1}} = 55{,}5\,[0{,}56 - (0{,}32 + \sigma)]\,10^{4}$ $F_{kz_{m1}} = 55{,}5\,[0{,}24 - \sigma] \cdot 10^{4}$	[m²] [m²] [m²]

Es gilt: von $\varphi = 48 \div 66$ [°KW] nach uT

$$F_{kzm_1} = 55{,}5\,[0{,}24 - \sigma] \cdot 10^{-4}\,[m^2]$$

Es gilt: von $\varphi = 0 \div 48$ [°KW] nach uT

$$F_{kzm_1} = 55{,}5 \cdot 0{,}1135 \cdot 10^{-4} = 6{,}3 \cdot 10^{-4}\,[m^2]$$

Mündungsschlitze	b)	Schema zur Bestimmung von $F_{kz_{m1}}$ an der Stelle m nach [6] während der Spülperiode

A b b i l d u n g 23

Abmessung der Spül- und Mündungsschlitze

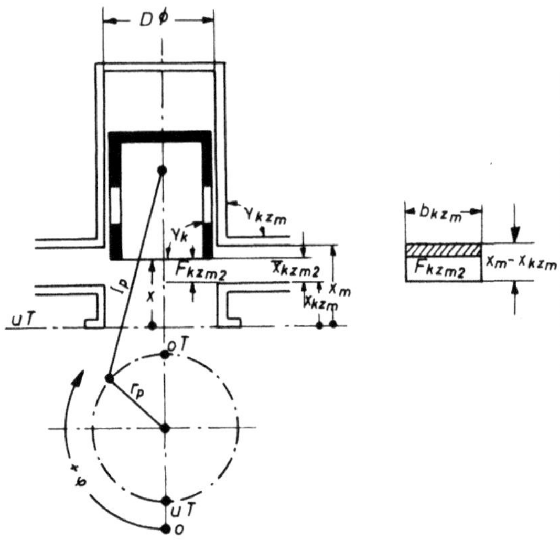

Steuerung durch Kolbenunterkante

Anzahl der Schlitze	$z = 2$	[-]
Neigungswinkel gegen Zylindergehäuse	$\gamma_{kz_m} = 90$	[-]
Schlitzhöhe	$x_m - x_{kz_m} = 18$	[mm]
Schlitzbreite (Summe)	$\Sigma b_{kz_m} = 74$	[mm]
Bezogene Schlitzhöhe	$\sigma_{kz_m} = \frac{24}{75} = 0{,}32$	[-]
Bezogene Schlitzhöhe	$\sigma_m = \frac{42}{75} = 0{,}56$	[-]
Bezogene Schlitzbreite	$\beta_{kzm_2} = 0{,}302$	[-]
Formbeiwert	$k_{kzm_2} = 0{,}95$	[-]
Freie geometrische Mündungsschlitzöffnung	$F_{kzm_2} = 55{,}5\,[\sigma - 0{,}32]\,10^{-4}$	[m²]

Es gilt: von $\varphi = 77 \div 104$ [°KW] nach uT

$$F_{kzm_2} = 55{,}5\,[\sigma - 0{,}32] \cdot 10^{-4}\,[m^2]$$

Es gilt: von $\varphi = 104 \div 180$ [°KW] nach uT

$$F_{kzm_2} = 55{,}5\,[0{,}56 - 0{,}32] \cdot 10^{-4} = 13{,}3 \cdot 10^{-4}\,[m^2]$$

Mündungsschlitz	a)	Schema zur Bestimmung von F_{kzm_2} nach [6] an der Stelle m während der Einlaßperiode

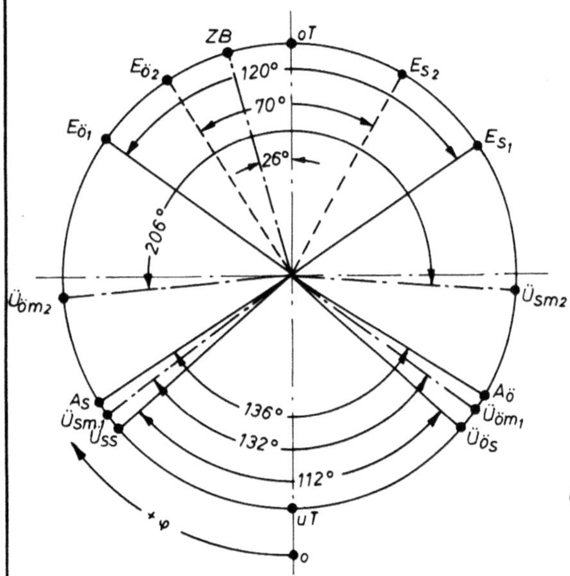

$E_{ö_1}$	bei 117 [°KW] nach uT
E_{s_1}	bei 243 [°KW] nach uT
$E_{ö_2}$	bei 145 [°KW] nach uT
E_{s_2}	bei 215 [°KW] nach uT
A_o	bei 292 [°KW] nach uT
A_s	bei 68 [°KW] nach uT
$Ü_{ö_s}$	bei 304 [°KW] nach uT
$Ü_{s_s}$	bei 56 [°KW] nach uT
$Ü_{öm_1}$	bei 294 [°KW] nach uT
$Ü_{sm_1}$	bei 66 [°KW] nach uT
$Ü_{öm_2}$	bei 77 [°KW] nach uT
$Ü_{sm_2}$	bei 283 [°KW] nach uT

$Ü_{öm_1}, Ü_{sm_1}$ → Steuerung der Spülkanalmündung an der Stelle m während der Spülperiode

$Ü_{öm_2}, Ü_{sm_2}$ → Steuerung der Spülkanalmündung an der Stelle m während der Einlaßperiode

Die Steuerung des Einlaßschlitzes ist nach Abb. 22 in zwei Ersatzsteuervorgänge für die Ersatzquerschnitte F_{ek_1} und F_{ek_2} zerlegt.

Steuerdiagramm	b)	Steuerdaten

A b b i l d u n g 24

Abmessungen der Mündungsschlitze, Steuerdiagramm

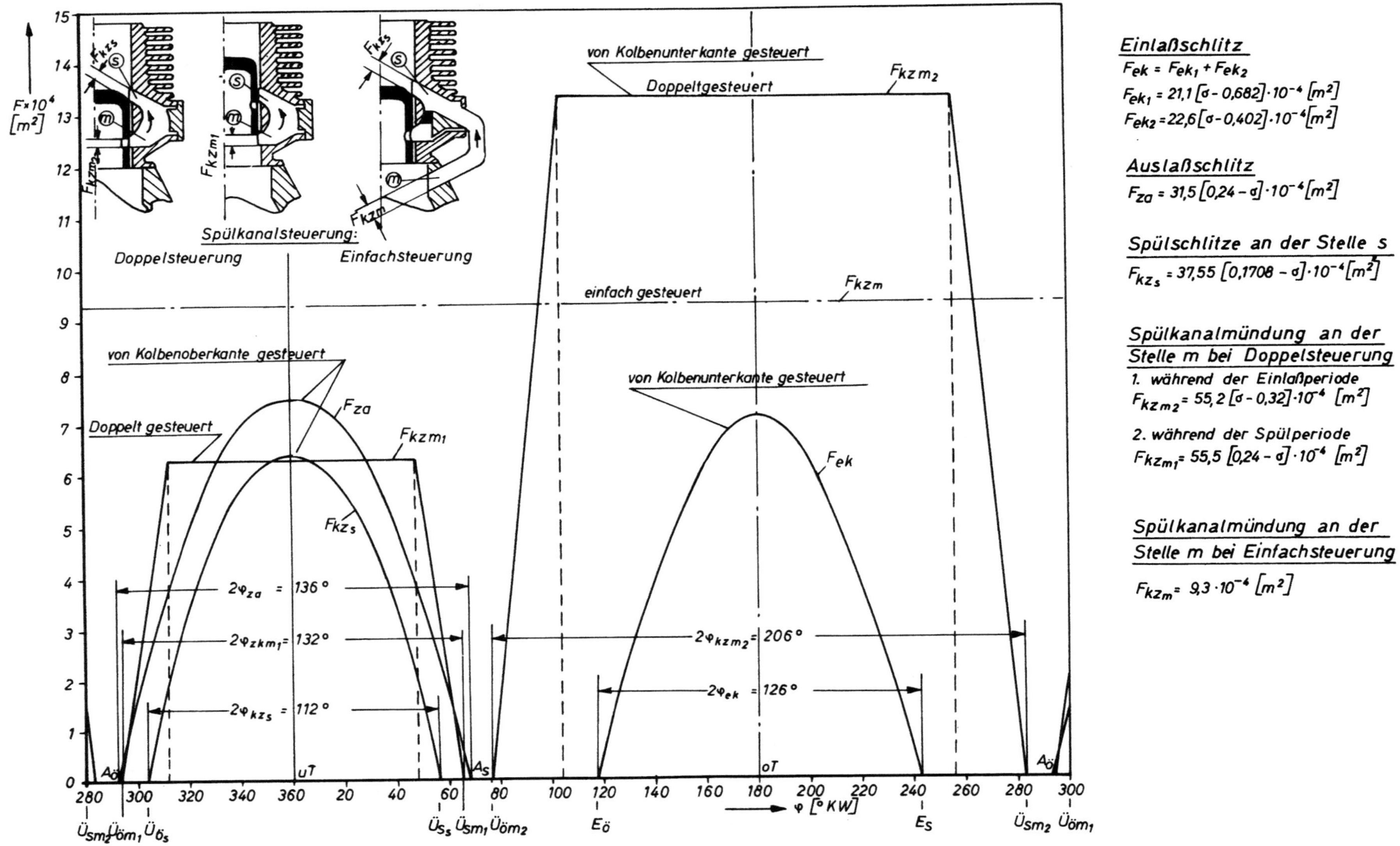

A b b i l d u n g 25

Freie geometrische Schlitzquerschnitte sämtlicher Steuerorgane bei einfach- und doppelgesteuerter Spülkanal-anordnung

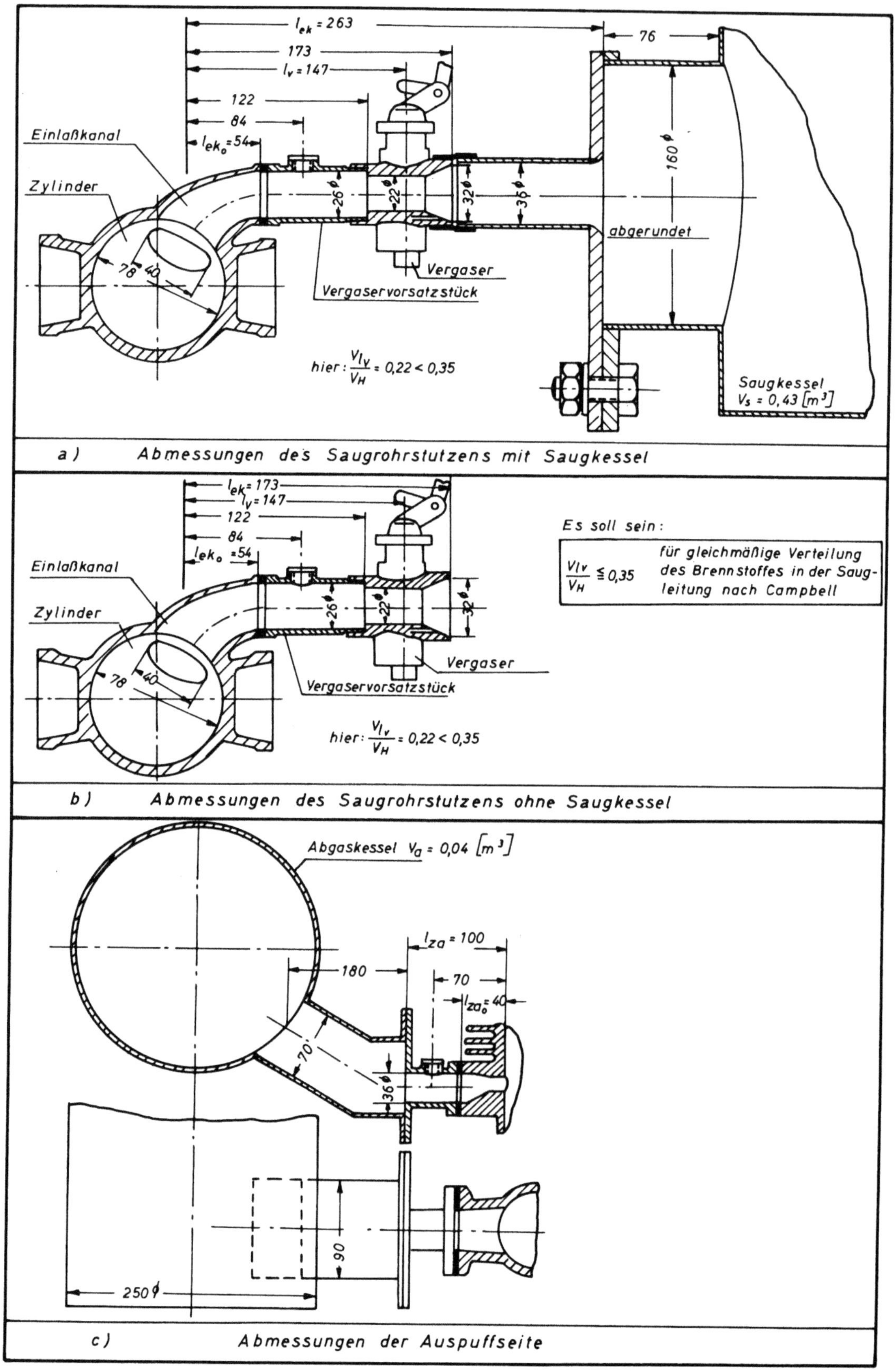

Abbildung 26

Abmessungen der Saug- und Auspuffseite

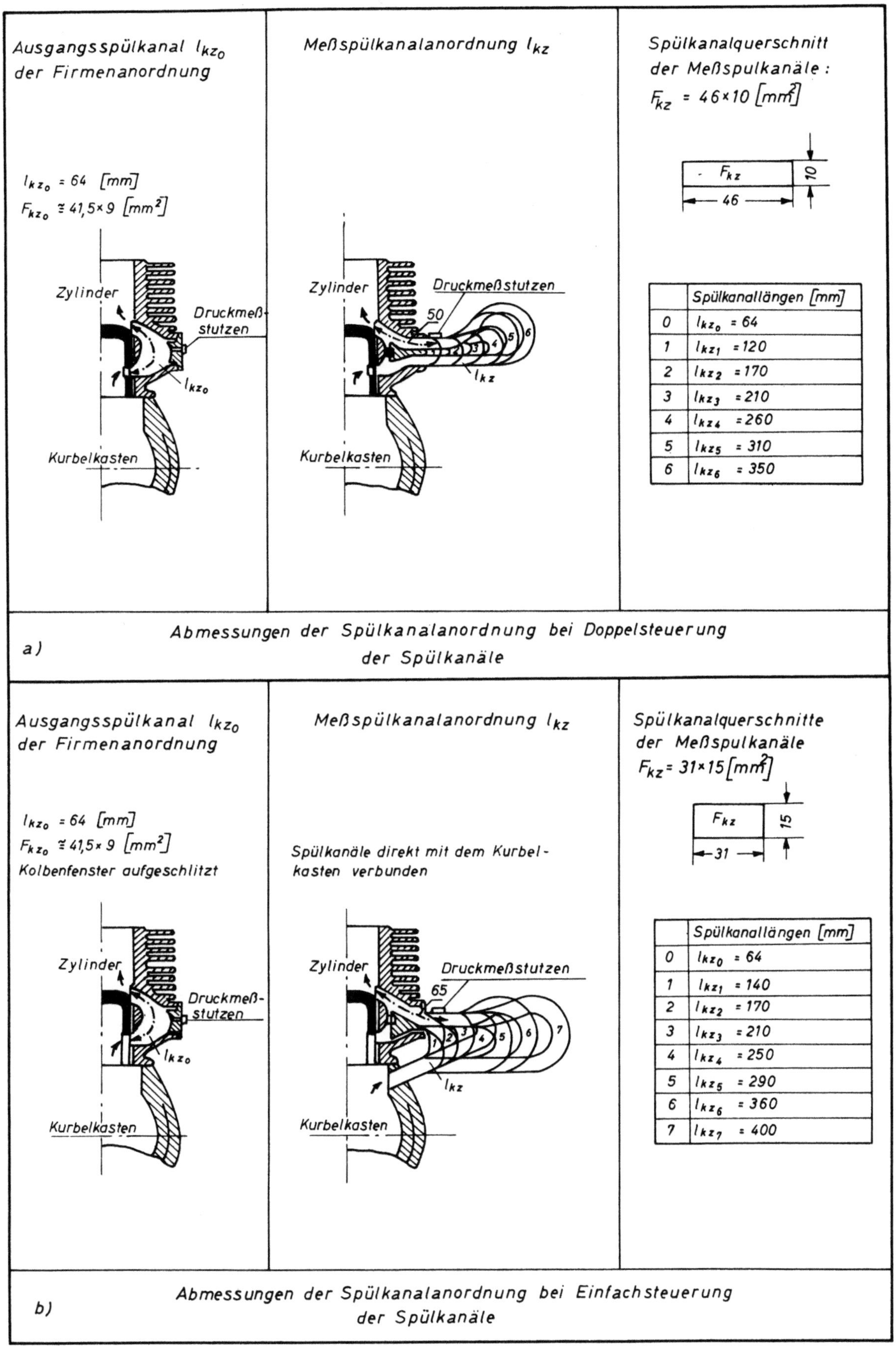

	Spülkanallängen [mm]
0	l_{kz_0} = 64
1	l_{kz_1} = 120
2	l_{kz_2} = 170
3	l_{kz_3} = 210
4	l_{kz_4} = 260
5	l_{kz_5} = 310
6	l_{kz_6} = 350

	Spülkanallängen [mm]
0	l_{kz_0} = 64
1	l_{kz_1} = 140
2	l_{kz_2} = 170
3	l_{kz_3} = 210
4	l_{kz_4} = 250
5	l_{kz_5} = 290
6	l_{kz_6} = 360
7	l_{kz_7} = 400

A b b i l d u n g 27

Abmessungen der Spülkanalanordnungen

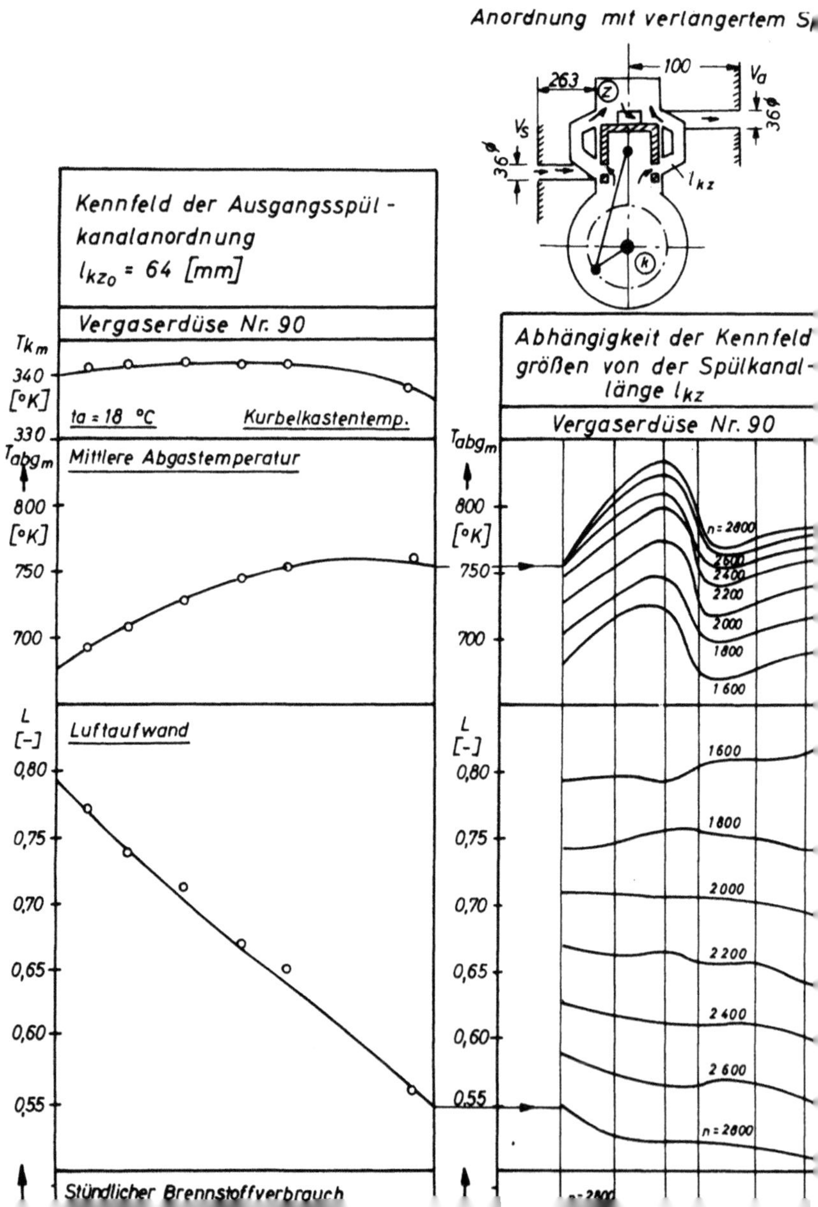

Anordnung mit verlängertem S
100
263
Va
36
Vs
36
lkz
Kennfeld der Ausgangsspülkanalanordnung
lkz0 = 64 [mm]
Vergaserdüse Nr. 90
Tkm
340
[°K]
330
ta = 18 °C
Kurbelkastentemp.
Tabgm
Mittlere Abgastemperatur
800
[°K]
750
700
L
[–]
Luftaufwand
0,80
0,75
0,70
0,65
0,60
0,55
Stündlicher Brennstoffverbrauch
Abhängigkeit der Kennfeldgrößen von der Spülkanallänge lkz
Vergaserdüse Nr. 90
n = 2800
2600
2400
2200
2000
1800
1600

usgangsspulkanalanordnung

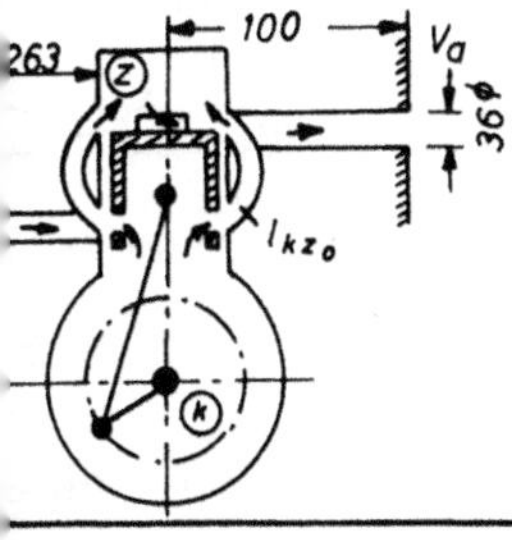

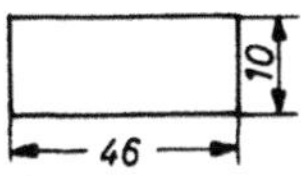

Spülkanalquerschnitt:

$F_{kz} = 46 \times 10$ [mm^2]

Spülkanäle doppelt gesteuert

z.B. 26 [°KW] vor o.T.

gleich der Kennfelder bei der
gangsspülkanalanordnung und
er Spülkanalanordnung $l_{kz} = 120$ mm

Vergaserdüse Nr. 90

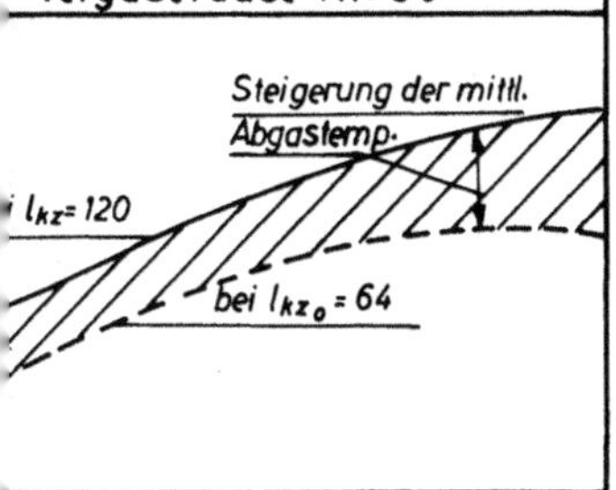

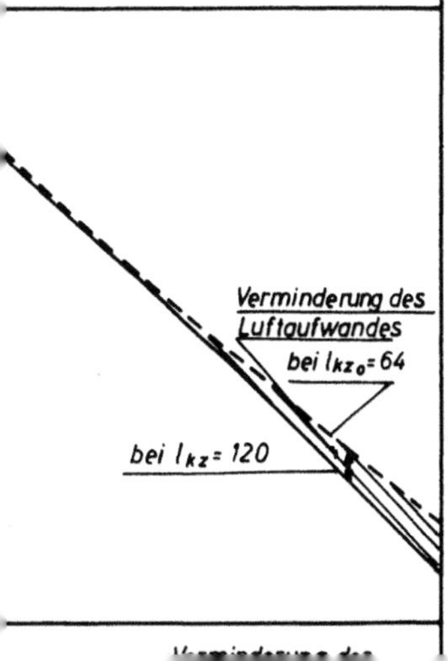

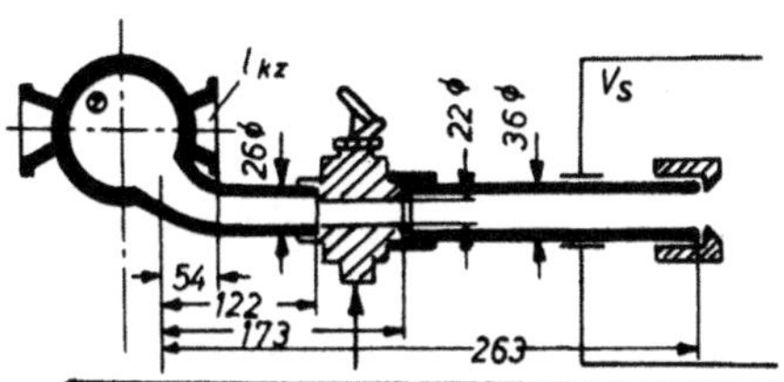

Vergleich der Kennfelder mit Ausgangsspülkanalanordnung (Doppelsteuerung) und mit der Spülkanalanordnung l_{kz} = 140 [mm] (Doppelsteuerung) bei verschiedenen Vergaserdüsen (85, 90, 95, 100)

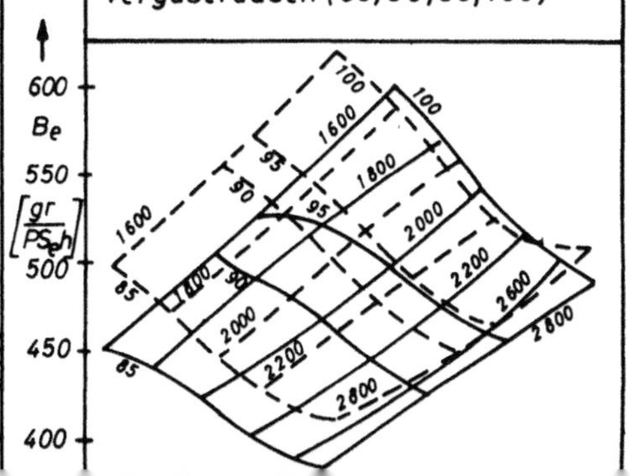

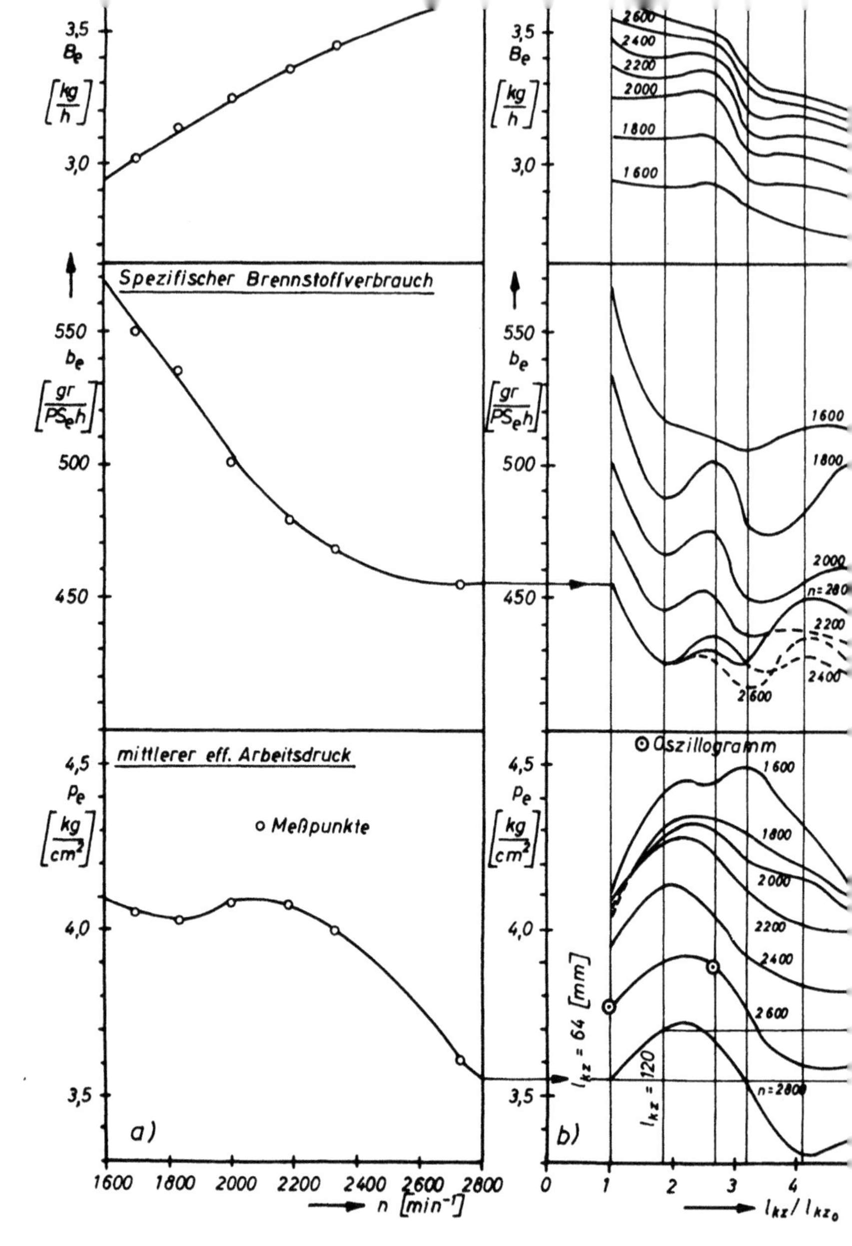

A b b

Verlauf der Kennfeldgrößen als Funktion der Spül

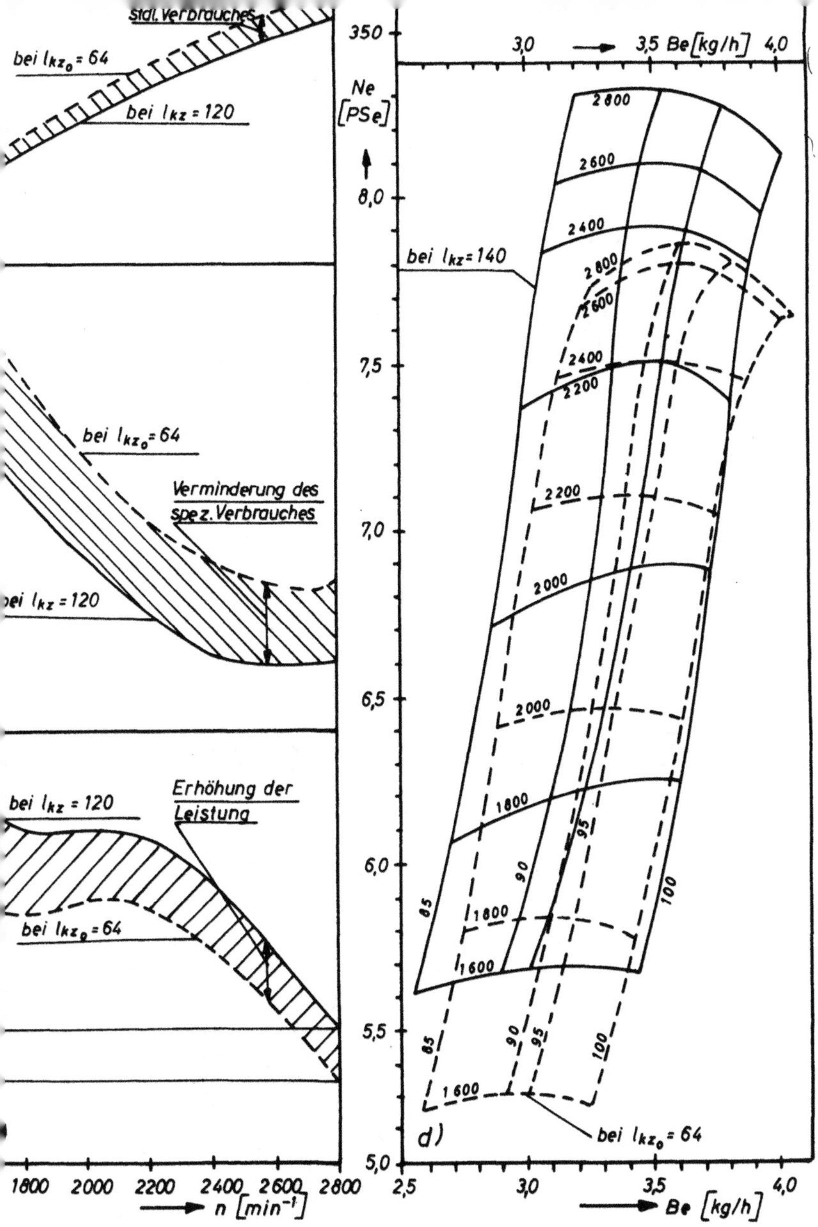

n g 28

en l_{kz} bei konstantem Kanalquerschnitt und Vollast

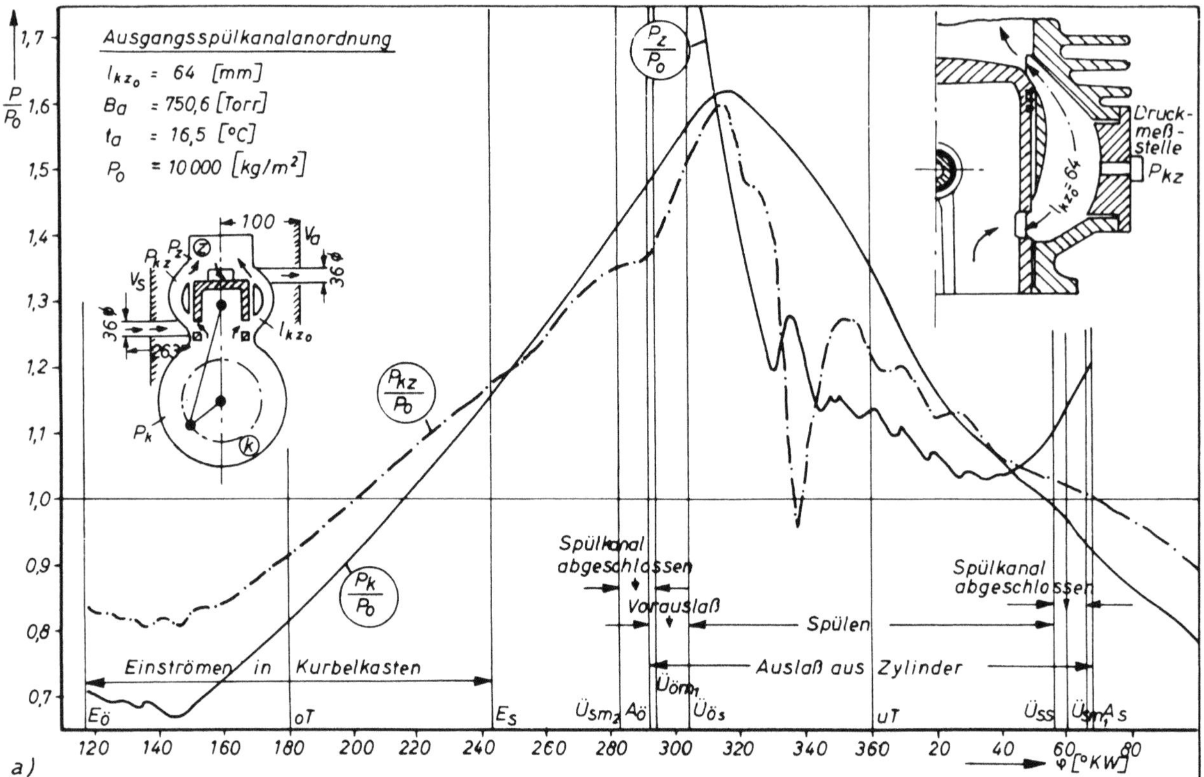

a)

Gemessener, normierter Druckverlauf im Zylinder, Kurbelkasten und Spülkanal l_{kz_0} = 64 [mm] bei Vollast und bei n = 2637÷2646 [min⁻¹]

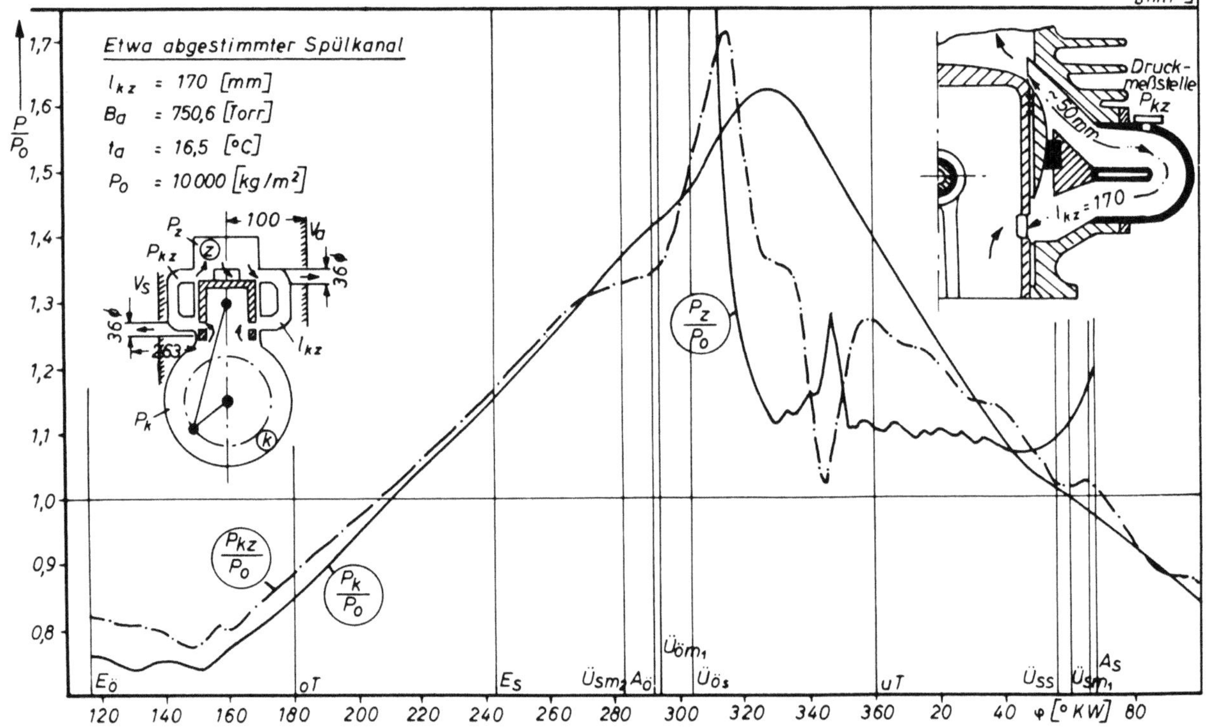

Maschine mit Saugkessel am Einlaß
Doppelsteuerung der Spülkanäle

ZB = 26 [°KW] vor oT
F_{kz} = 46×10 [mm²]
Vergaserdüse Nr. 90

b)

Gemessener normierter Druckverlauf im Zylinder Kurbelkasten und Spülkanal l_{kz} = 170 [mm] bei Vollast und bei n = 2635 ÷ 2639 [min⁻¹]

A b b i l d u n g 29

Gemessener Druckverlauf im Zylinder, Kurbelkasten und Spülkanal bei Vollast und verschiedenen Spülkanallängen

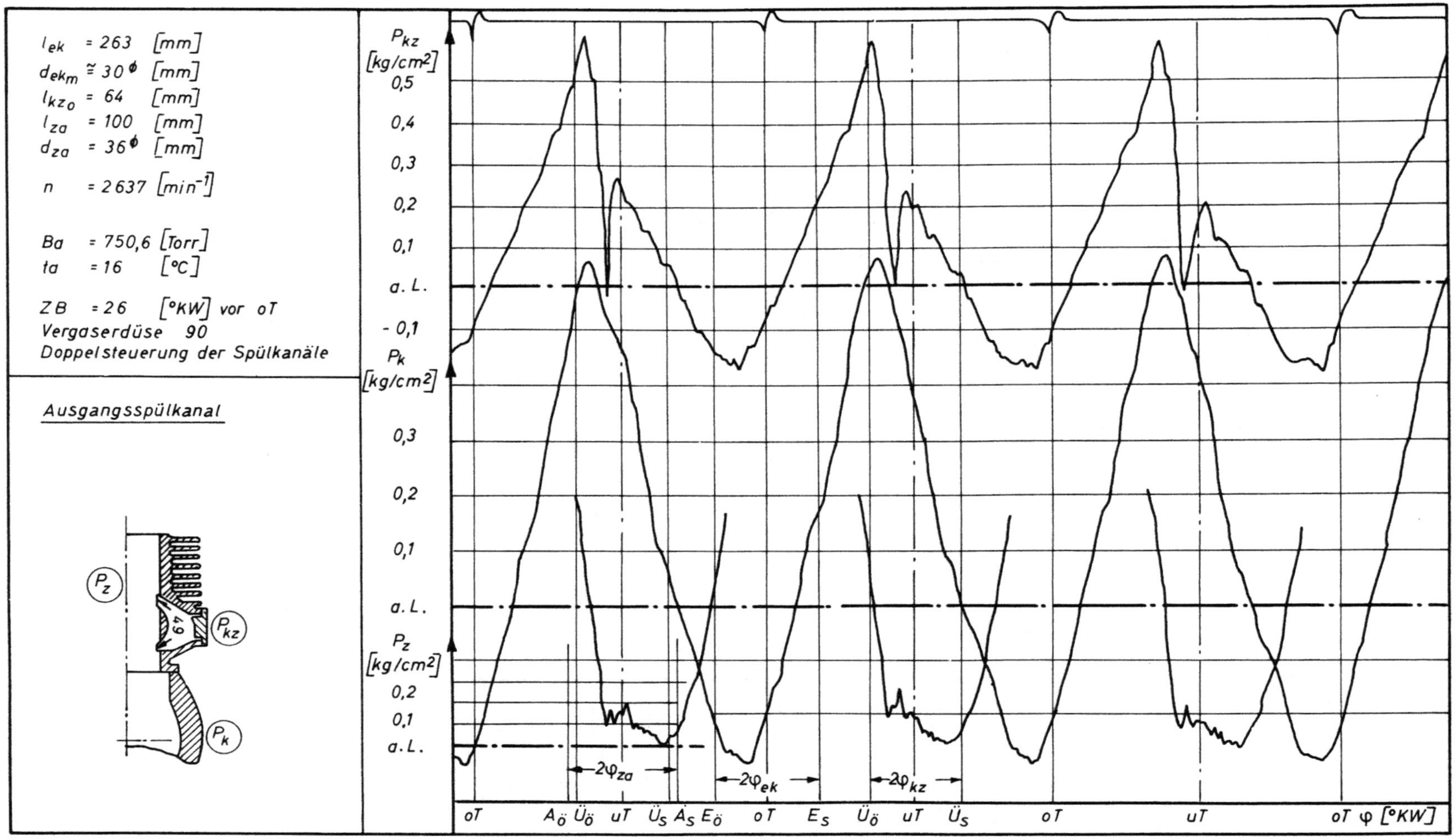

A b b i l d u n g 30

Gemessener Druckverlauf im Zylinder, Kurbelkasten und Spülkanal l_{kz_o} = 64 [mm] der Ausgangsanordnung bei Vollast und n = 2637 [min^{-1}].

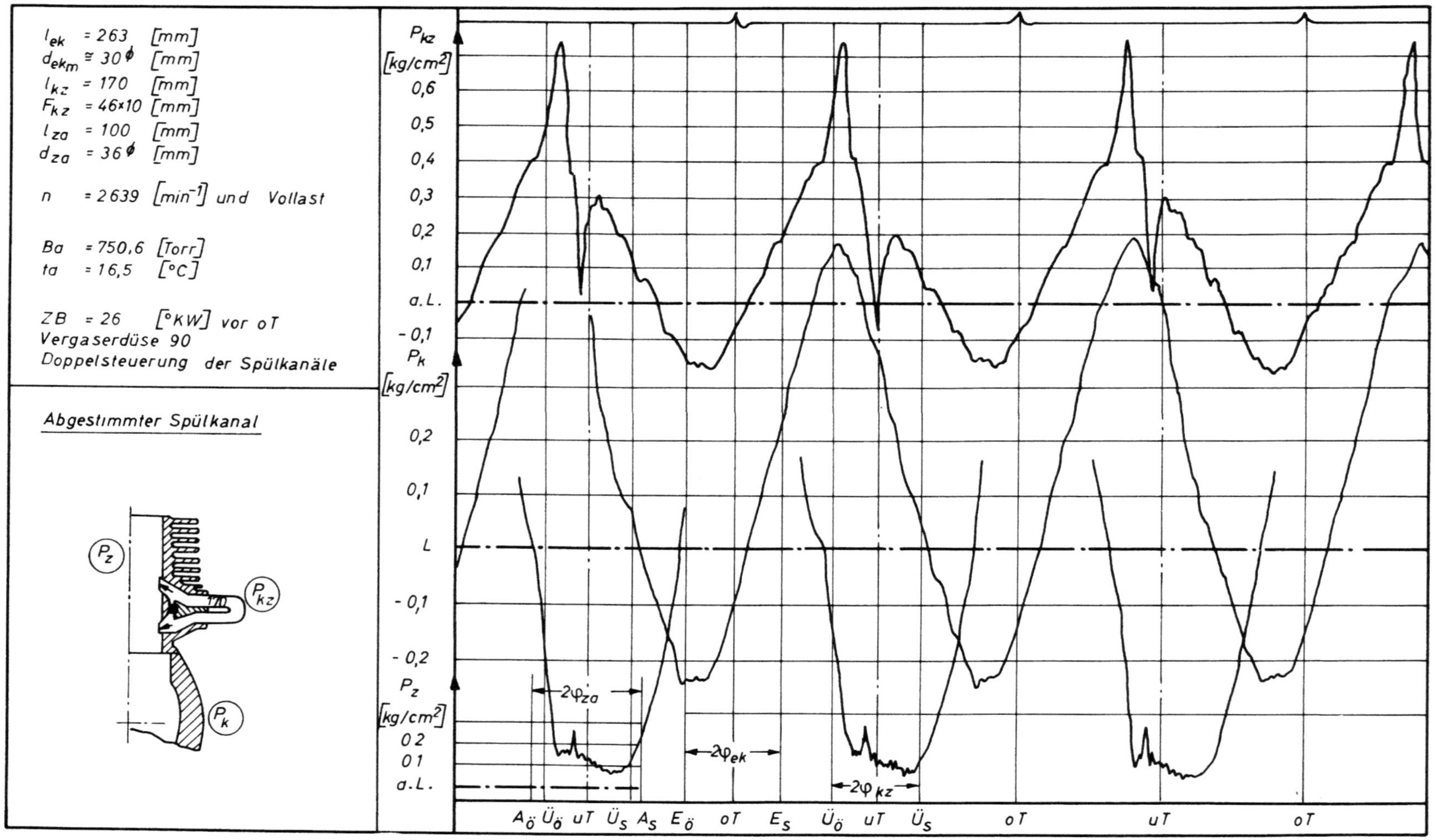

A b b i l d u n g 31

Gemessener Druckverlauf im Zylinder, Kurbelkasten und Spülkanal l_{kz} = 170 [mm] bei Vollast und n = 2639[min⁻

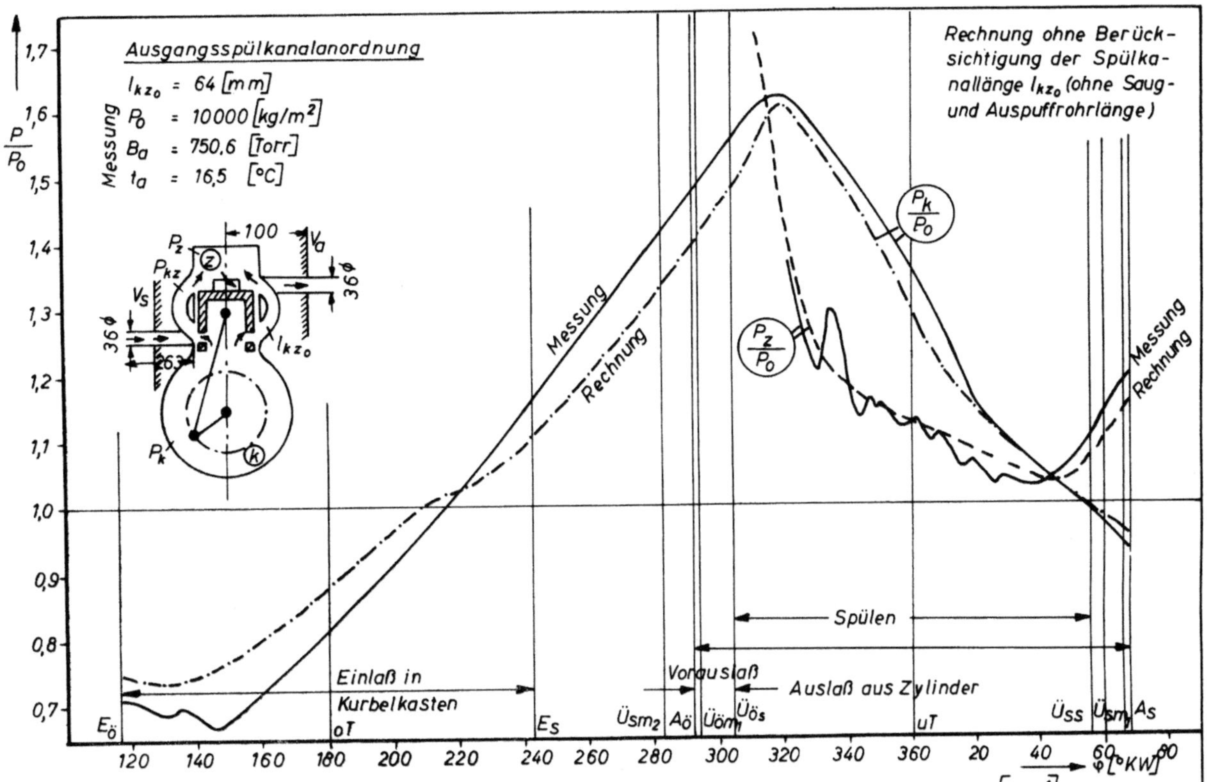

a) Gemessener und gerechneter Druckverlauf im Kurbelkasten und Zylinder bei n = 2637÷2646 [min⁻¹] und Vollast

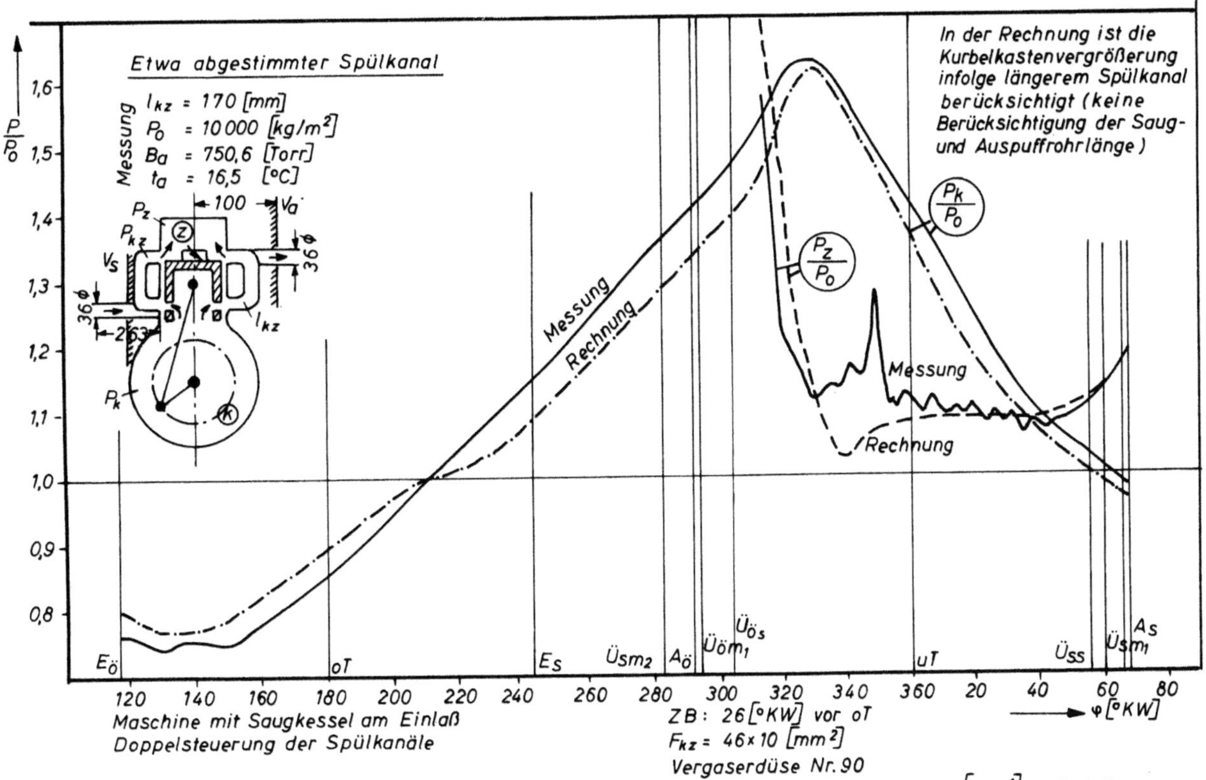

b) Gemesser und gerechneter Druckverlauf im Kurbelkasten und Zylinder bei n = 2635÷2639 [min⁻¹] und Vollast bei akustischer Berücksichtigung der Spülkanallänge l_{kz} = 170 [mm] in der Rechnung

A b b i l d u n g 32

Vergleich der gemessenen und gerechneten Druckverläufe im Zylinder und Kurbelkasten bei verschiedenen Spülkanallängen

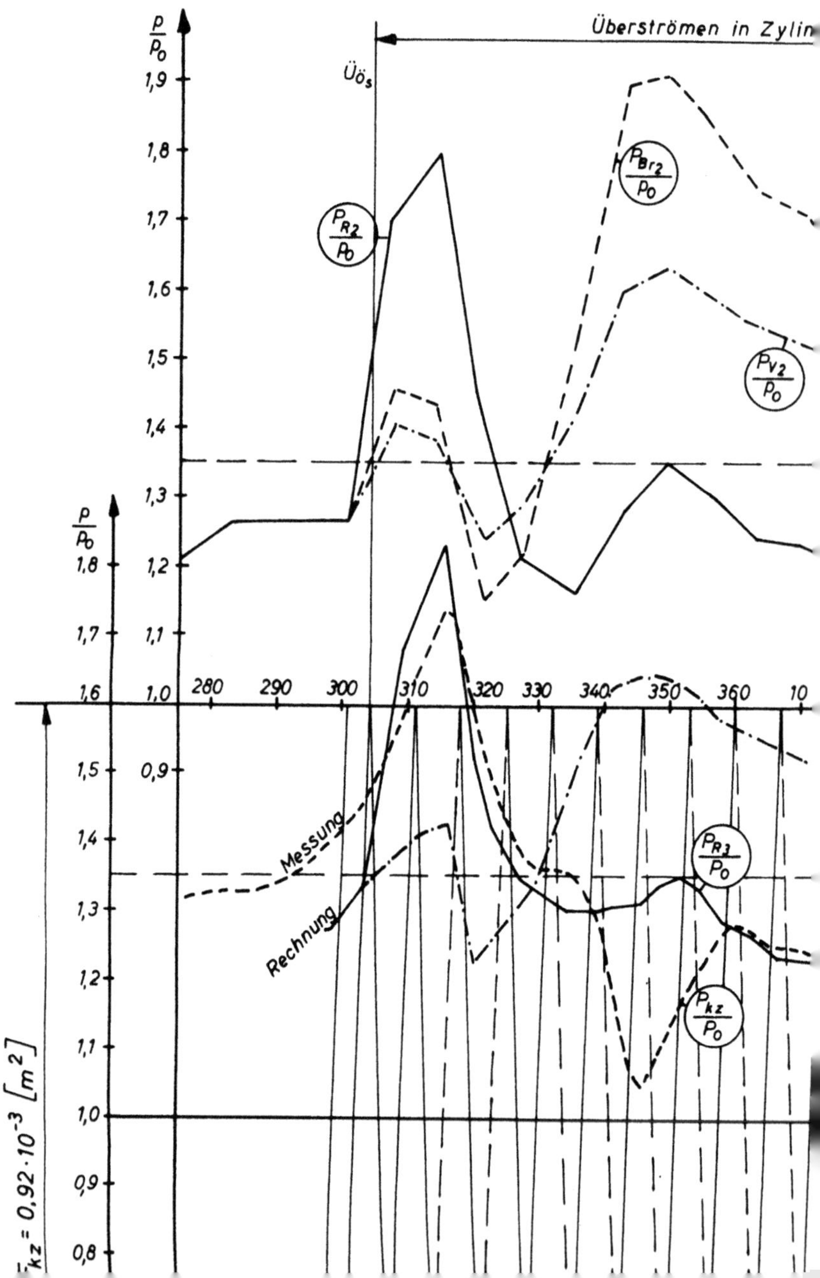

Überströmen in Zylin
Üös
$\frac{p}{p_0}$
$\frac{p_{R2}}{p_0}$
$\frac{p_{Br2}}{p_0}$
$\frac{p_{V2}}{p_0}$
$\frac{p_{R3}}{p_0}$
$\frac{p_{kz}}{p_0}$
Messung
Rechnung
1,9
1,8
1,7
1,6
1,5
1,4
1,3
1,2
1,1
1,0
0,9
0,8
280
290
300
310
320
330
340
350
360
10
$F_{kz} = 0,92 \cdot 10^{-3}$ [m^2]

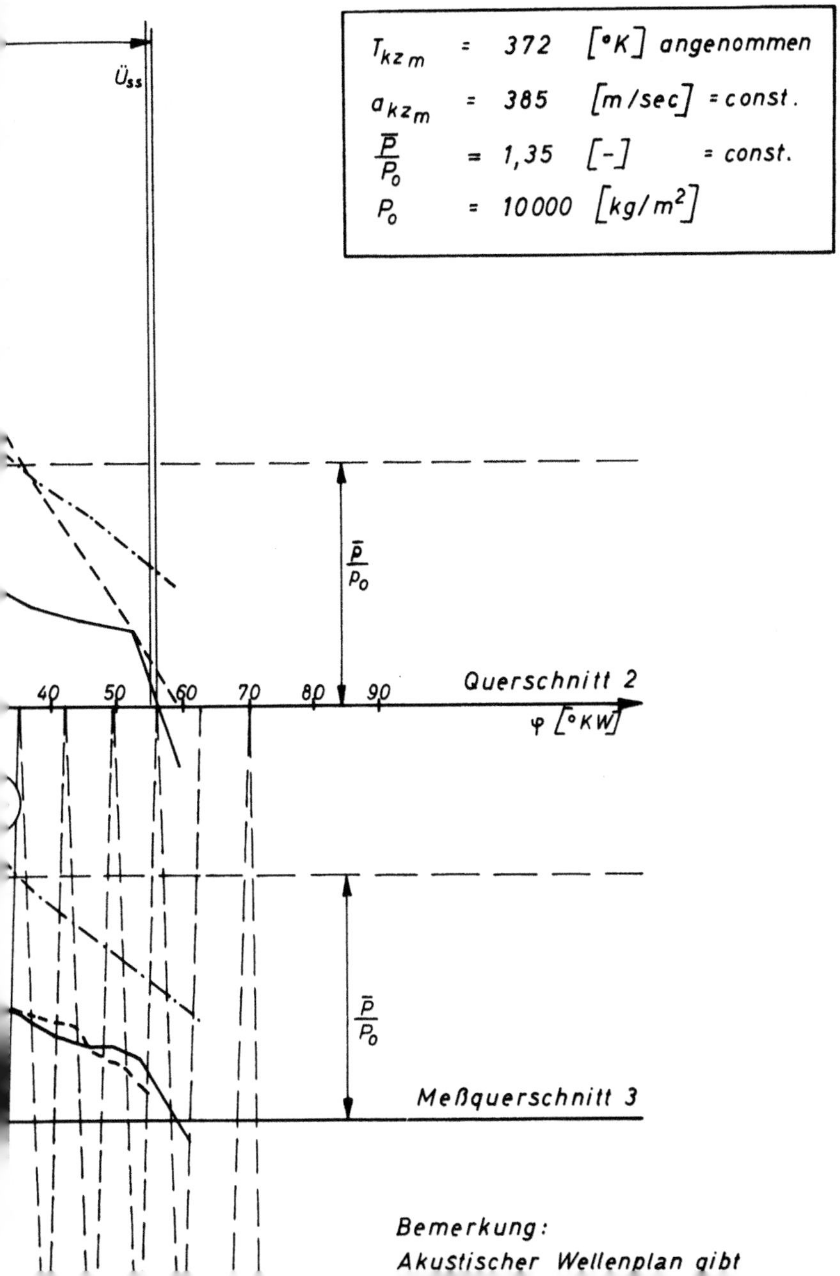

T_{kz_m} = 372 [°K] angenommen
a_{kz_m} = 385 [m/sec] = const.
$\frac{\bar{P}}{P_o}$ = 1,35 [–] = const.
P_o = 10000 [kg/m²]
Üss
$\frac{\bar{P}}{P_o}$
40
50
60
70
80
90
Querschnitt 2
φ [°KW]
$\frac{\bar{P}}{P_o}$
Meßquerschnitt 3
Bemerkung:
Akustischer Wellenplan gibt

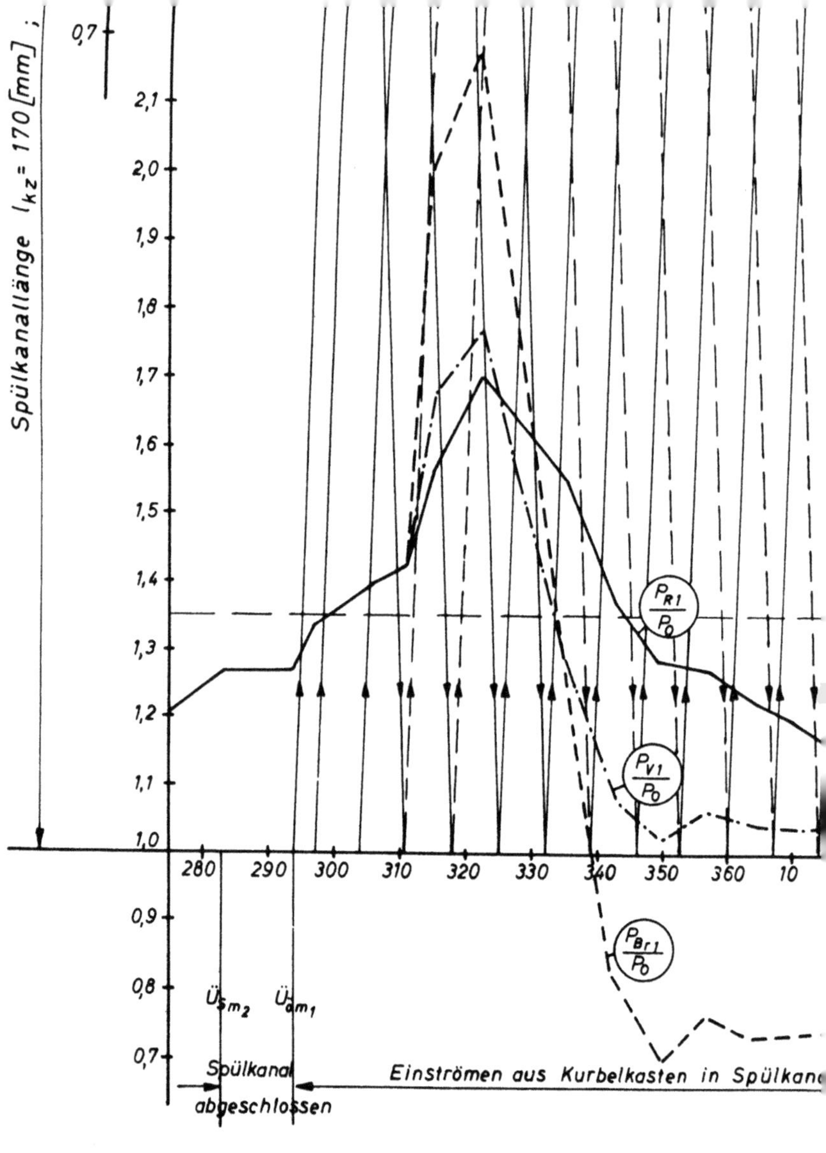

A b

Gemessener und gerechneter Druckverlauf im Sp

wieder.

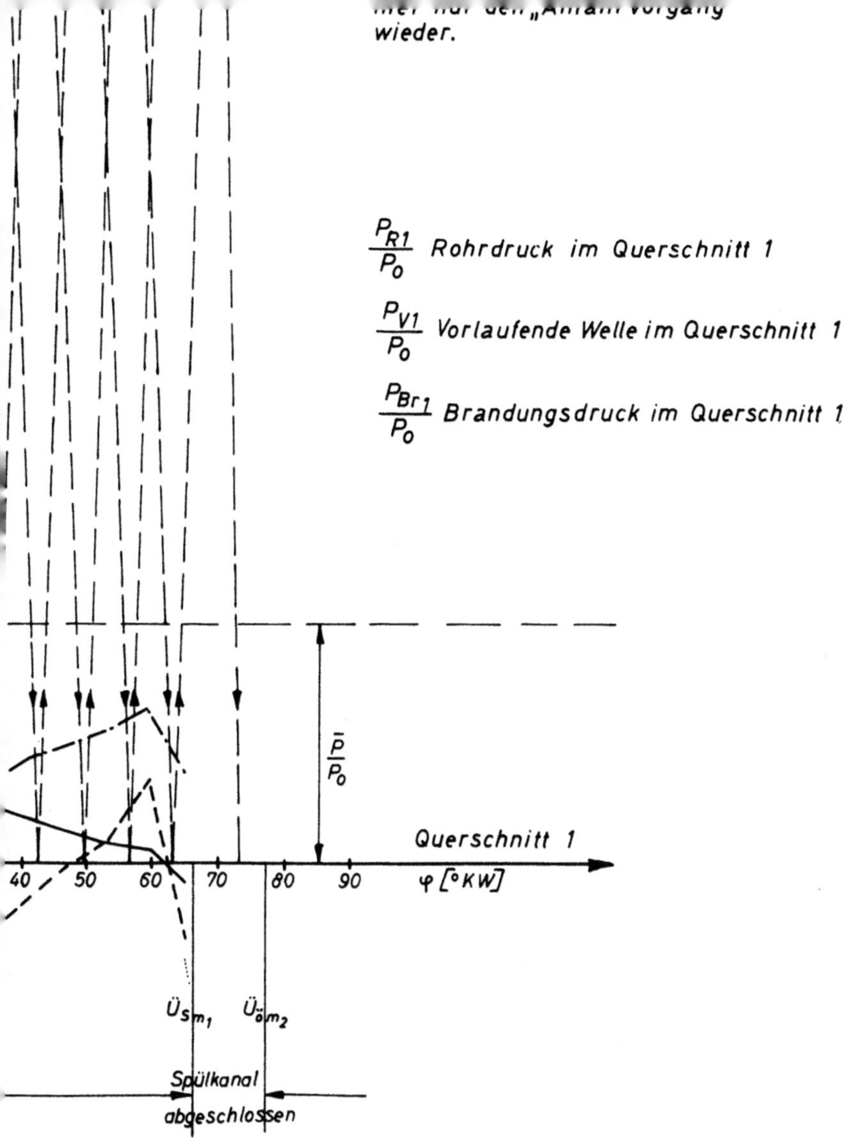

ung 33

kz = 170 [mm] bei n = 2640 [min^{-1}] und Vollast

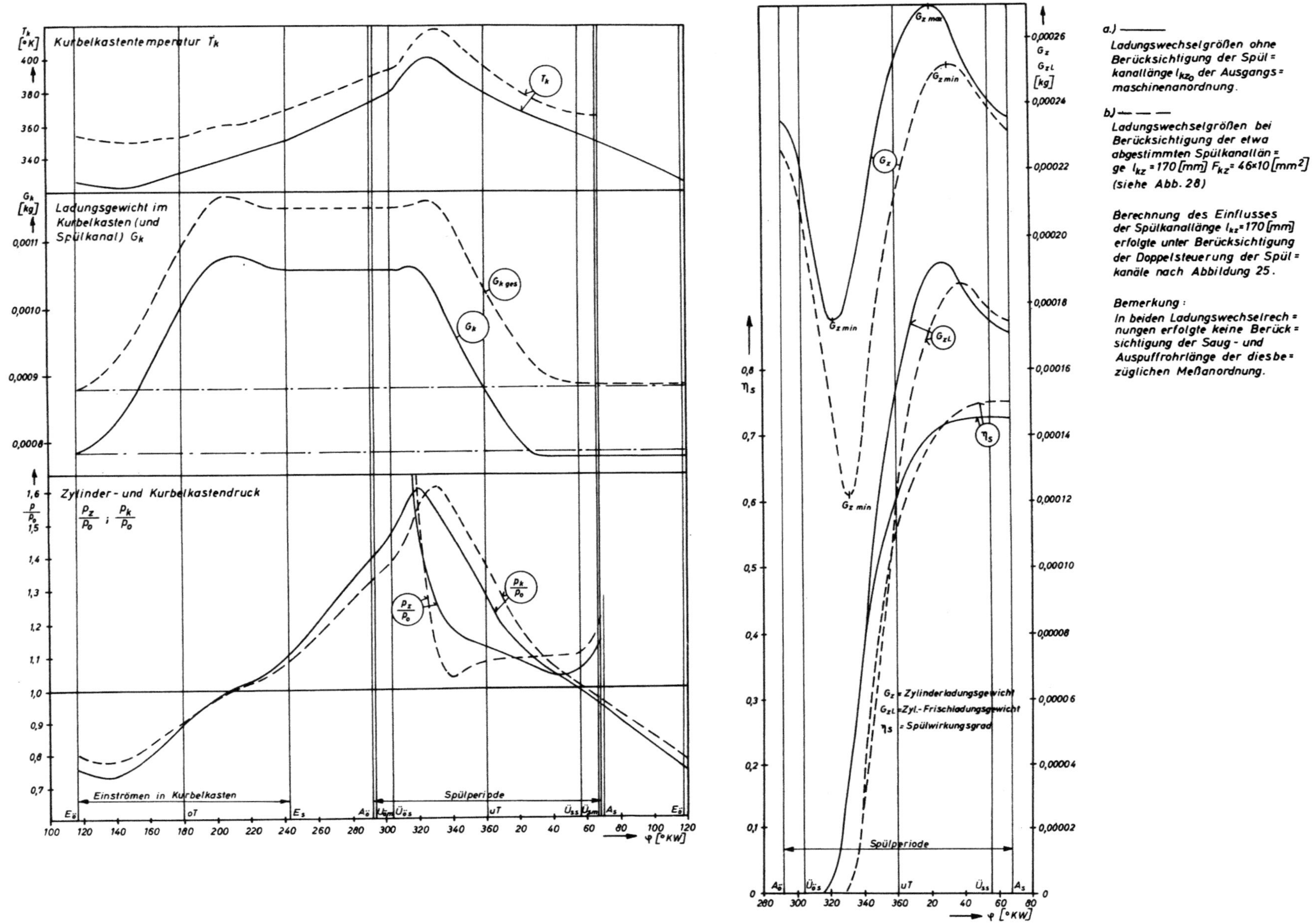

Abbildung 34

Vergleich der theoretisch ermittelten Ladungswechselgrößen bei n = 2640 [min^{-1}] und Vollast bei verschiedenen Spülkanallängen

Maschine ohne Saugkessel am Einlaß

Spülkanäle einmal gesteuert

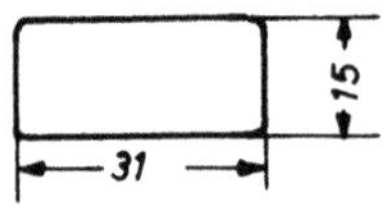

Spülkanalquerschnitt $F_{kz} = 31 \times 15$ [mm²]

$ZB = 26$ [°KW] vor oT	$V_{Ko} = 740$ [cm³]
$\varepsilon_{Ko} = \frac{V_{Ko}}{V_H} = 2{,}07$	$V_H = 357$ [cm³]

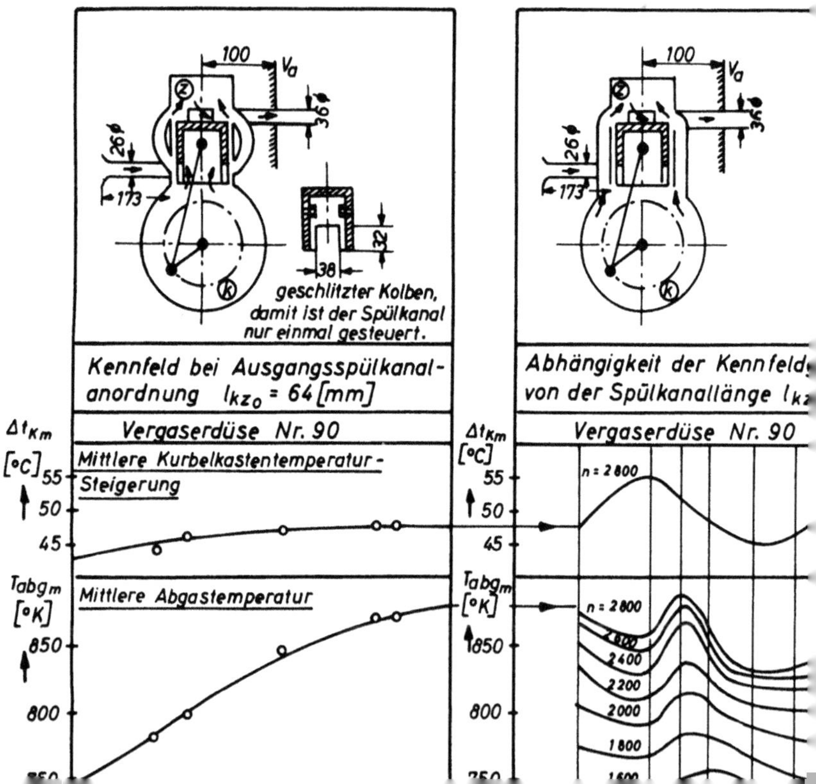

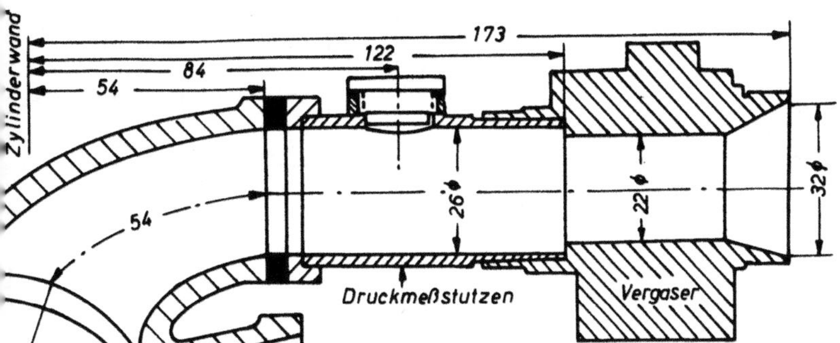

Einlaßseite Stamo 360

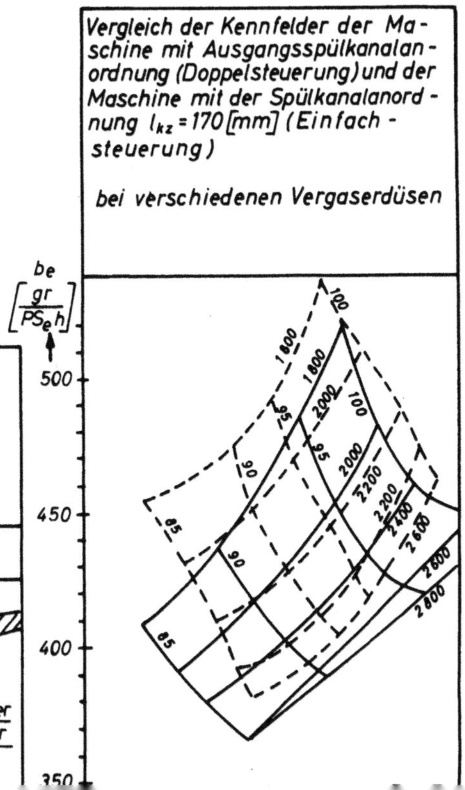

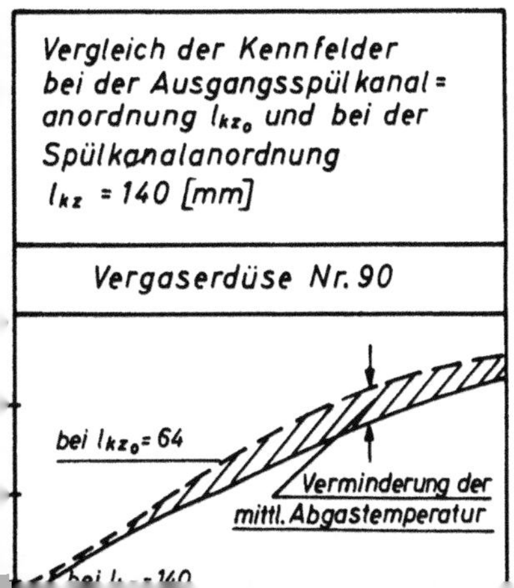

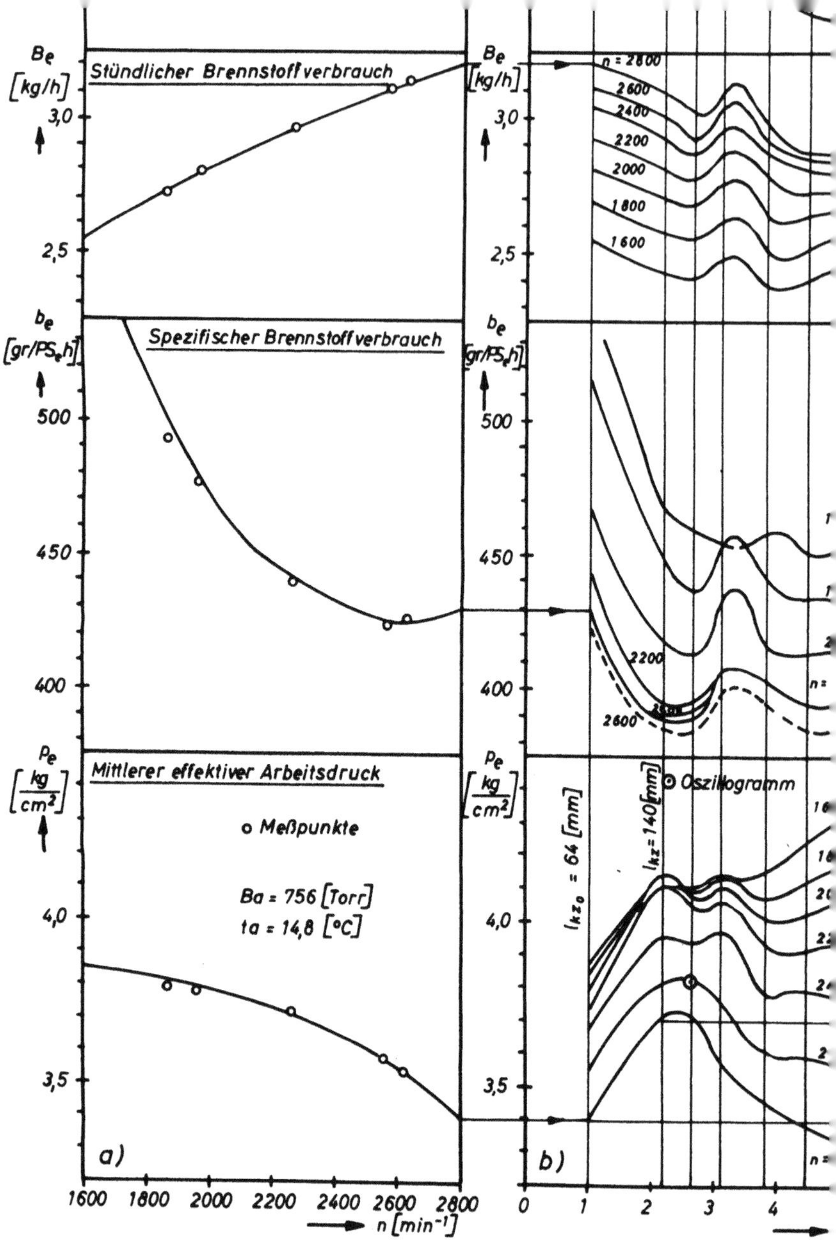

A b b i

Verlauf der Kennfeldgrößen als Funktion der Spülk

(ohne Saug

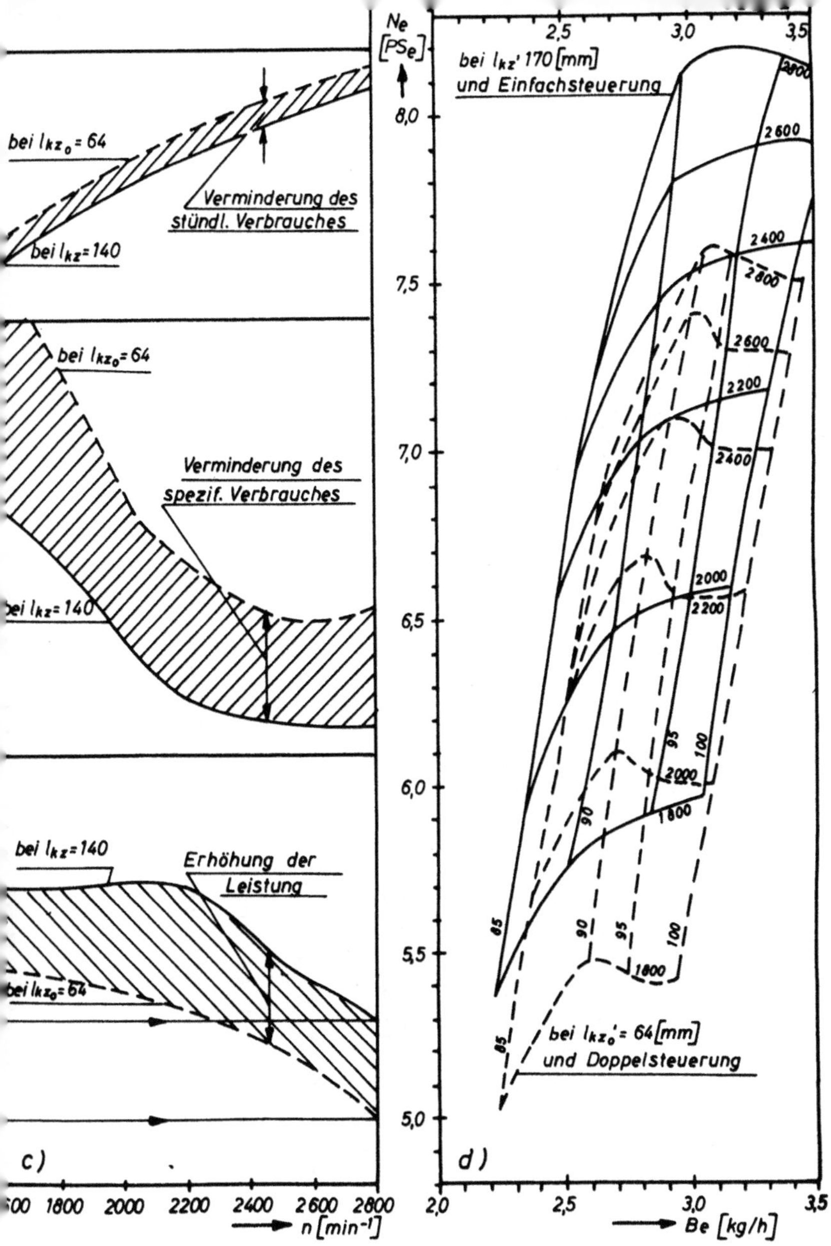

g 35

e l_{kz} bei konstantem Kanalquerschnitt und Vollast
m Einlaß)

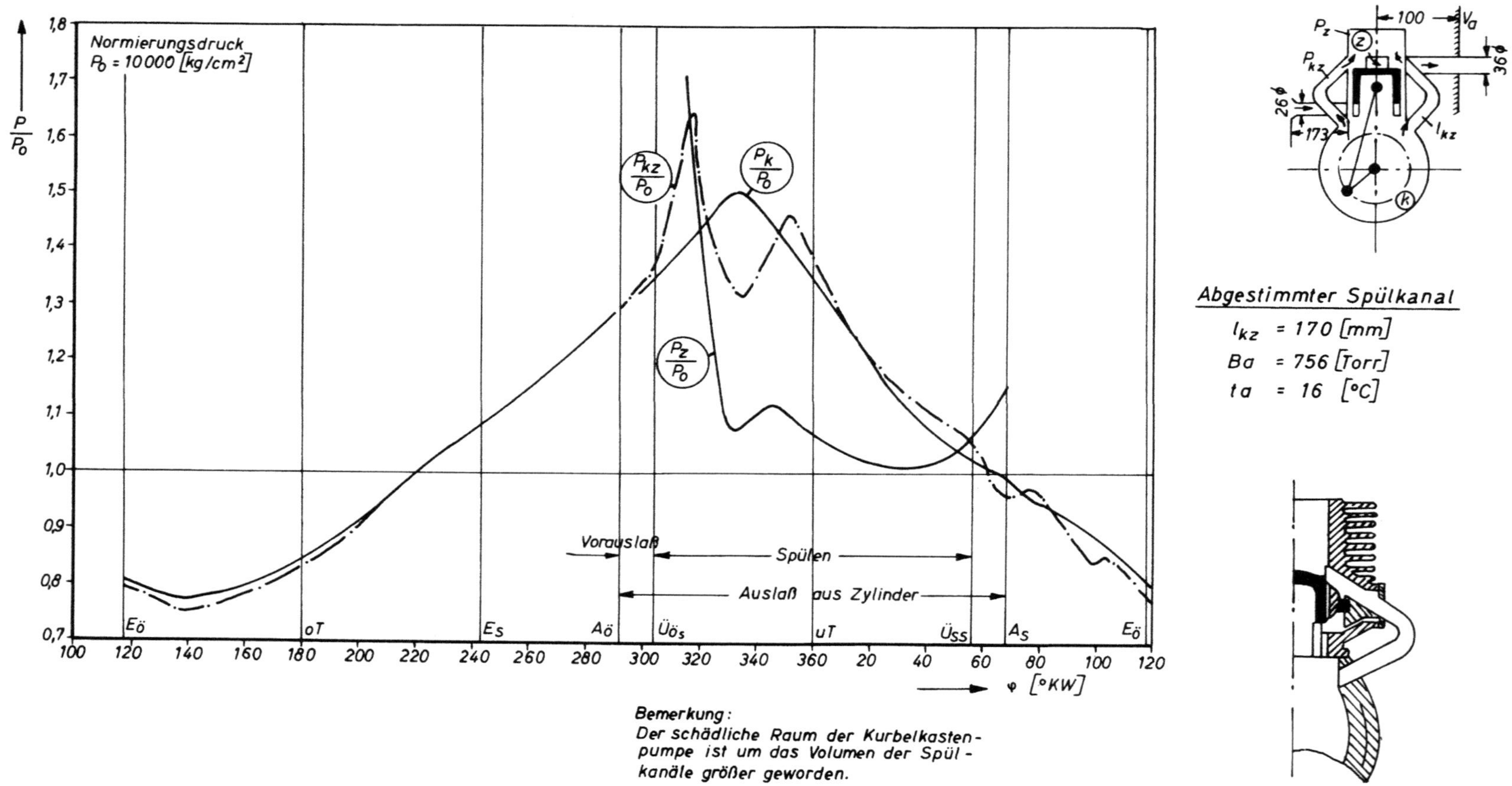

A b b i l d u n g 36

Gemessener,normierter Druckverlauf im Zylinder, Kurbelkasten und Spülkanal l_{kz} = 170 [mm] bei Vollast und bei n = 2642 [min^{-1}]; Spülkanäle einfach gesteuert

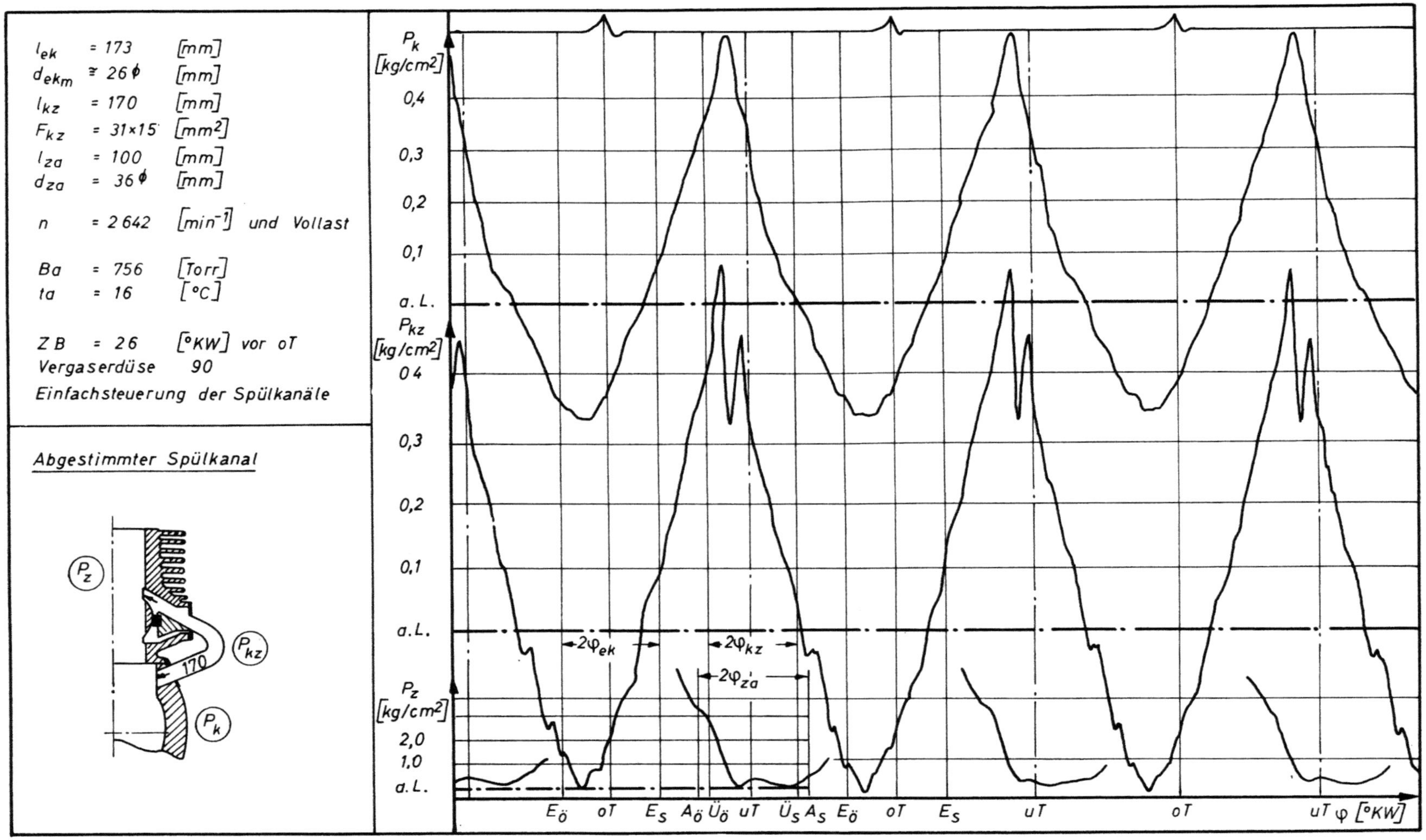

A b b i l d u n g 37

Gemessener Druckverlauf im Zylinder, Kurbelkasten und Spülkanal l_{kz} = 170 [mm] bei Vollast und n = 2642 [min⁻

FORSCHUNGSBERICHTE

DES LANDES NORDRHEIN-WESTFALEN

Herausgegeben
im Auftrage des Ministerpräsidenten Dr. Franz Meyers
von Staatssekretär Professor Dr. h. c., Dr. E. h. Leo Brandt

MASCHINENBAU

HEFT 45
Losenhausenwerk Düsseldorfer Maschinenbau AG, Düsseldorf
Untersuchungen von störenden Einflüssen auf die Lastgrenzenanzeige von Dauerschwingprüfmaschinen
1953, 36 Seiten, 11 Abb., 3 Tabellen, DM 7,25

HEFT 77
Meteor Apparatebau Paul Schmeck GmbH, Siegen
Entwicklung von Leuchtstoffröhren hoher Leistung
1954, 46 Seiten, 12 Abb., 2 Tabellen, DM 9,15

HEFT 100
Prof. Dr.-Ing. H. Opitz, Aachen
Untersuchungen von elektrischen Antrieben, Steuerungen und Regelungen an Werkzeugmaschinen
1955, 166 Seiten, 71 Abb., 3 Tabellen, DM 31,30

HEFT 136
Dipl.-Phys. P. Pilz, Remscheid
Über spezielle Probleme der Zerkleinerungstechnik von Weichstoffen
1955, 58 Seiten, 19 Abb., 2 Tabellen, DM 11,50

HEFT 147
Dr.-Ing. W. Rudisch, Unna
Untersuchung einer drehelastischen Elektromagnet-Synchronkupplung
1955, 82 Seiten, 65 Abb., DM 17,70

HEFT 183
Dr. W. Bornheim, Köln
Entwicklungsarbeiten an Flaschen- und Ampullen-Behandlungsmaschinen für die pharmazeutische Industrie
1956, 48 Seiten, 24 Abb., DM 11,70

HEFT 212
Dipl.-Ing. H. Spodig, Selm
Untersuchung zur Anwendung der Dauermagnete in der Technik
1955, 44 Seiten, 25 Abb., DM 9,80

HEFT 295
Prof. Dr.-Ing. H. Opitz und Dipl.-Ing. H. Axer, Aachen
Untersuchung und Weiterentwicklung neuartiger elektrischer Bearbeitungsverfahren
1956, 42 Seiten, 27 Abb., DM 10,30

HEFT 298
Prof. Dr.-Ing. E. Oehler, Aachen
Untersuchung von kritischen Drehzahlen, die durch Kreiselmomente verursacht werden
1956, 50 Seiten, 35 Abb., DM 13,15

HEFT 384
Prof. Dr.-Ing. H. Opitz, Aachen
Schwingungsuntersuchungen an Werkzeugmaschinen
1958, 66 Seiten, 73 Abb., DM 20,40

HEFT 412
Prof. Dr.-Ing. H. Opitz, Aachen
Kennwerte und Leistungsbedarf für Werkzeugmaschinengetriebe
1958, 72 Seiten, 35 Abb., DM 17,20

HEFT 506
Prof. Dr.-Ing. W. Meyer zur Capellen, Aachen
Der Flächeninhalt von Koppelkurven. Ein Beitrag zu ihrem Formenwandel
1958, 74 Seiten, 26 Abb., DM 21,50

HEFT 533
Prof. Dr.-Ing. H. Opitz und Dipl-Ing. W. Hölken, Aachen
Untersuchung von Ratterschwingungen an Drehbänken
1958, 70 Seiten, 44 Abb., 2 Tabellen, DM 19,70

HEFT 606
Oberbaurat Prof. Dr.-Ing. W. Meyer zur Capellen, Aachen
Eine Getriebegruppe mit stationärem Geschwindigkeitsverlauf
1958, 34 Seiten, 21 Abb., DM 10,50

HEFT 631
Dr. E. Wedekind, Krefeld
Der Einfluß der Automatisierung auf die Struktur der Maschinen- und Arbeiterzeiten am mehrstelligen Arbeitsplatz in der Textilindustrie
1958, 72 Seiten, 32 Abb., 8 Tabellen, DM 21,10

HEFT 667
Prof. Dr.-Ing. H. Opitz und Dipl.-Ing. H. de Jong, Aachen
Schwingungs- und Geräuschuntersuchungen an ortsfesten Getrieben
1959, 32 Seiten, 28 Abb., 2 Tabellen, DM 10,30

HEFT 668
Prof. Dr.-Ing. H. Opitz, Dipl.-Ing. G. Ostermann und Dipl.-Ing. M. Gappisch, Aachen
Beobachtungen über den Verschleiß an Hartmetallwerkzeugen
1958, 38 Seiten, 26 Abb., DM 12,—

HEFT 669
Prof. Dr.-Ing. H. Opitz, Dipl.-Ing. H. Uhrmeister und Dipl-Ing. K. Jüstel, Aachen
Aufbau und Wirkungsweise einer Magnetbandsteuerung
1958, 50 Seiten, 39 Abb., DM 15,—

HEFT 670
Prof. Dr.-Ing. H. Opitz und Dipl.-Ing. W. Backé, Aachen
Untersuchung von Kopiersteuerungen
1959, 70 Seiten, 54 Abb., DM 18,80

HEFT 671
Prof. Dr.-Ing. H. Opitz, Dr.-Ing. R. Piekenbrink und Dipl.-Ing. K. Honrath, Aachen
Untersuchungen an Werkzeugmaschinenelementen
1959, 70 Seiten, 71 Abb., DM 20,—

HEFT 672
Prof. Dr.-Ing. H. Opitz, Dipl.-Ing. H. Heiermann und Dipl.-Ing. B. Rupprecht, Aachen
Untersuchungen beim Innenrundschleifen
1959, 34 Seiten, 50 Abb., DM 11,50

HEFT 673
Prof. Dr.-Ing. H. Opitz, Dipl.-Ing. H. Obrig und Dipl.-Ing. K. Ganser, Aachen
Die Bearbeitung von Werkzeugstoffen durch funkenerosives Senken
1959, 60 Seiten, 41 Abb., 1 Tabelle, DM 18,—

HEFT 676
Prof. Dr.-Ing. W. Meyer zur Capellen, Aachen
Harmonische Analyse bei Kurbeltrieben.
I. Allgemeine Zusammenhänge
1959, 38 Seiten, 10 Abb., DM 11,50

HEFT 695
Dr.-Ing. W. Herding, München
Die Fahrdynamik und das Arbeitsspiel gleisloser Erdbaugeräte als Kalkulationsgrundlage für die Bodenförderung und ihre Kosten
1960, 178 Seiten, 89 Abb., 18 Tabellen, DM 49,—

HEFT 718
Prof. Dr.-Ing. W. Meyer zur Capellen, Aachen
Die geschränkte Kurbelschleife
I. Die Bewegungsverhältnisse
1959, 110 Seiten, 54 Abb., DM 29,20

HEFT 764
Prof. Dr.-Ing. H. Opitz, Dr.-Ing. H. Siebel und Dipl.-Ing. R. Fleck, Aachen
Keramische Schneidstoffe
1959, 30 Seiten, 18 Abb., DM 9,80

HEFT 772
Prof. Dr.-Ing. W. Meyer zur Capellen, Aachen
Nomogramme zur geneigten Sinuslinie
1959, 28 Seiten, 11 Abb., DM 8,50

HEFT 775
Prof. Dr.-Ing. H. Opitz, Aachen
Automatische Erfassung der Maßabweichung der Werkstücke zum Zweck der selbständigen Korrektur der Maschine
1959, 38 Seiten, 27 Abb., DM 11,40

HEFT 777
Prof. Dr.-Ing. H. Opitz und Dipl.-Ing. P.-H. Brammertz, Aachen
Werkstückgüte und Fertigkeitskosten beim Innen-Feindrehen und Außenrund-Einsteckschleifen
1959, 92 Seiten, 68 Abb., DM 25,30

HEFT 788
Prof. Dr.-Ing. H. Opitz, Aachen
Der Einsatz radioaktiver Isotope bei Zerspanungsuntersuchungen
1959, 36 Seiten, 23 Abb., DM 11,30

HEFT 794
Dipl.-Ing. Reinhard Wilken, Düsseldorf
Das Biegen von Innenborden mit Stempeln
1959, 82 Seiten, DM 22,40

HEFT 801
Baurat Dipl.-Ing. Gesell, Duisburg
Ersatz von Quarzsand als Strahlmittel
1960, 66 Seiten, 12 Abb., 4 Tabellen, 17 Diagramme, DM 18,90

HEFT 803
Prof. Dr.-Ing. W. Meyer zur Capellen und Dipl.-Ing. E. Lenk, Aachen
Harmonische Analyse bei Kurbeltrieben. Teil II: Gleichschenklige Getriebe
1960, 69 Seiten, 15 Abb., DM 18,40

HEFT 804
Prof. Dr.-Ing. W. Meyer zur Capellen und Dipl.-Ing. W. Rath, Aachen
Die geschränkte Kurbelschleife. Teil II: Die Harmonische Analyse
1960, 66 Seiten, 14 Abb., DM 18,90

HEFT 806
Prof. Dr.-Ing. H. Opitz u. a., Aachen
Untersuchungen von Zahnradgetrieben und Zahnradbearbeitungsmaschinen
1960, 95 Seiten, 81 Abb., DM 29,30

HEFT 809
Prof. Dr.-Ing. H. Opitz und Dipl.-Ing. H. H. Herold, Aachen
Untersuchung von elektro-mechanischen Schaltelementen
1960, 35 Seiten, 16 Abb., DM 11,—

HEFT 810
Prof. Dr.-Ing. H. Opitz und Dr.-Ing. N. Maas, Aachen
Das dynamische Verhalten von Lastschaltgetrieben
1960, 97 Seiten, 77 Abb., DM 29,50

HEFT 811
Prof. Dr.-Ing. H. Opitz und Dipl.-Ing. H. Bürklin, Aachen, Fa. Schoppe & Faeser, Minden, bearbeitet im Auftrage des Forschungsinstitutes für Rationalisierung in Aachen
Über Weggeber für automatisch gesteuerte Arbeitsmaschinen
1960, 93 Seiten, 79 Abb., DM 27,70

HEFT 820
Prof. Dr.-Ing. H. Opitz, Dipl.-Ing. H. Rohde und Dipl.-Ing. W. König, Aachen
Untersuchungen der Spanformung durch Spanbrecher beim Drehen mit Hartmetallwerkzeugen
1960, 35 Seiten, 16 Abb., DM 15,80

HEFT 830
Prof. Dr.-Ing. H. Opitz und Dipl.-Ing. W. Backé, Aachen
Automatisierung des Arbeitsablaufes in der spanabhebenden Fertigung
1960, 43 Seiten, 39 Abb., DM 14,60

HEFT 831
Prof. Dr.-Ing. H. Opitz, Dr.-Ing. H.-G. Rohs und Dr.-Ing. G. Stute, Aachen
Statistische Untersuchungen über die Ausnutzung von Werkzeugmaschinen in der Einzel- und Massenfertigung
1960, 38 Seiten, 32 Abb., DM 13,—

HEFT 835
Prof. Dr.-Ing. Walther Meyer zur Capellen, Lehrstuhl für Getriebelehre an der Technischen Hochschule, Aachen
Die harmonische Analyse von zykloidengesteuerten Schleifen
In Vorbereitung

HEFT 864
Prof. Dr.-Ing. H. Opitz, Aachen
Funkenarbeit und Bearbeitungsergebnis bei der funkenerosiven Bearbeitung
1960, 44 Seiten, 19 Abb., DM 13,10

HEFT 873
Prof. Dr.-Ing. W. Meyer zur Capellen und Dipl.-Ing. W. Rath, Aachen
Kinematik der sphärischen Schubkurbel
1960, 38 Seiten, 13 Abb., DM 11,20

HEFT 887
Baurat Dipl.-Ing. W. Gesell, Duisburg
Arbeiten mit Preß-Formmaschinen unter Normal-Bedingungen und bei hohen spezifischen Preßdrucken
1960, 140 Seiten, 108 Abb., 11 Tabellen, DM 42,—

HEFT 898
Prof. Dr.-Ing. H. Opitz und H. de Jong, Aachen
Untersuchung von Zahnradgetrieben und Zahnradbearbeitungsmaschinen in Zusammenarbeit mit der Industrie
1960, 58 Seiten, 52 Abb., DM 19,20

HEFT 900
Prof. Dr.-Ing. H. Opitz und Dr.-Ing. J. Bielefeld, Aachen
Automatisierung der Werkzeugmaschine für die spanabhebende Bearbeitung
1960, 74 Seiten, 55 Abb., DM 21,—

HEFT 901
Prof. Dr.-Ing. H. Opitz, Dr.-Ing. J. Bielefeld und Dipl.-Ing. W. Kalkert, Aachen
Lebensdauerprüfung von Zahnradgetrieben
1960, 54 Seiten, 46 Abb., DM 17,30

HEFT 908
Dr.-Ing. W. Dettmering, Institut für Turbomaschinen der Technischen Hochschule Aachen
Experimentelle Untersuchungen an einer axialen Turbinenstufe
1960, 180 Seiten, 116 Abb., 16 Tabellen, DM 50,80

HEFT 914
Baurat Dipl.-Ing. Waldemar Gesell, Staatl. Ingenieurschule für Maschinenwesen, Duisburg
Zu Fragen der Strahlmittelprüfung
1961, 188 Seiten, 78 Abb., DM 49.—

HEFT 923
Prof. Dr.-Ing. W. Meyer zur Capellen und Dipl.-Ing. Karl-Albert Rischen, Lehrstuhl für Getriebelehre der Technischen Hochschule Aachen
Lagenzuordnungen an ebenen Viergelenkgetrieben in analytischer Darstellung. Eine Maßsynthese
1961, 84 Seiten, 29 Abb., DM 23,20

HEFT 928
Prof. Dr.-Ing. Herwart Opitz, Dipl.-Ing. Helmut Rohde und Dipl.-Ing. Wilfried König, Laboratorium für Werkzeugmaschinen und Betriebslehre an der Technischen Hochschule Aachen
Untersuchung des Räumvorganges
1961, 116 Seiten, 90 Abb., DM 36,10

HEFT 929
Prof. Dr.-Ing. Herwart Opitz, Laboratorium für Werkzeugmaschinen und Betriebslehre an der Technischen Hochschule Aachen
Richtwerte für das Fräsen von unlegierten und legierten Baustählen mit Hartmetall. — Teil III
1961, 64 Seiten, 57 Abb., 7 Tabellen, DM 21,30

HEFT 930
Prof. Dr.-Ing. Herwart Opitz und Dipl.-Ing. Rolf Umbach, Laboratorium für Werkzeugmaschinen und Betriebslehre an der Technischen Hochschule Aachen
Modellversuch zur dynamischen Versteifung von Werkzeugmaschinen durch Ankopplung gedämpfter Hilfsmassensysteme
1961, 18 Seiten, 30 Abb., DM 13,30

HEFT 931
Dipl.-Ing. H. G. Rachner, Institut für Maschinengestaltung und Maschinendynamik der Technischen Hochschule Aachen
Ein Beitrag zur Frage der Kettenradverzahnung
1961, 64 Seiten, 55 Abb., 2 Tabellen DM 19,30

HEFT 943
Dipl.-Ing. H. G. Rachner, Institut für Maschinengestaltung und Maschinendynamik der Technischen Hochschule Aachen
Die Drehschwingungen des Zweirad-Kettengetriebes bei innerer Erregung
1961, 98 Seiten, 68 Abb., DM 30,—

HEFT 949
Prof. Dr.-Ing. K. Leist †, Dipl.-Ing. Dieter Stojek und Dipl.-Ing. Manfred Pötke, Institut für Turbomaschinen der Technischen Hochschule Aachen
Verbesserung der Wirtschaftlichkeit von Gasturbinen durch Zwischenverbrennung innerhalb der Turbine und Versuche zu ihrer Verwirklichung
1961, 80 Seiten, 40 Abb., DM 30,10

HEFT 950
Prof. Dr.-Ing. K. Leist † und Dipl.-Ing. Oswald Thun, Institut für Turbomaschinen der Technischen Hochschule Aachen
Strömungsmessungen zur Ermittlung von Brennkammer-Ausbrenngraden
1961, 66 Seiten, 33 Abb., 6 Tabellen DM 19,90

HEFT 951
Prof. Dr.-Ing. K. Leist † und Dipl.-Ing. Oswald Thun, Institut für Turbomaschinen der Technischen Hochschule Aachen
Meßmethode bei Brennkammeruntersuchungen zur Ermittlung des Ausbrenngrades
1961, 64 Seiten, 10 Abb., 2 Tabellen, DM 19,20

HEFT 953
Prof. Dr.-Ing. K. Leist † und Dipl.-Ing. Heinrich Ostenrath, Institut für Turbomaschinen der Technischen Hochschule Aachen
Betriebsverhalten einer Versuchsgasturbine kleiner Leistung
1961, 44 Seiten, 35 Abb., 2 Anlagen, DM 15,30

HEFT 955
Prof. Dr.-Ing. H. Opitz und Dipl.-Ing. H. Uhrmeister, Laboratorium für Werkzeugmaschinen und Betriebslehre der Technischen Hochschule Aachen
Die dynamischen Eigenschaften hydraulischer Vorschubmotoren für Werkzeugmaschinen
1961, 60 Seiten, 66 Abb., DM 20,—

HEFT 977
Dr.-Ing. Gottfried Kronenberger, Institut für Baumaschinen und Baubetrieb der Technischen Hochschule Aachen
Verdichtungswirkung und Arbeitsverhalten eines Einmassenrüttlers auf Schotter und Kiessand zur Ermittlung der maßgeblichen Einflußgrößen bei der Rüttelverdichtung
1961, 96 Seiten, 17 Tafeln, 7 Tab., 36 Abb., DM 27,70

HEFT 981
Dr.-Ing. Werner Wilhelm, Aerodynamisches Institut der Technischen Hochschule Aachen
Berechnung des Gaswechsels kurbelkastengespülter Zweitaktmotoren unter Berücksichtigung des Einflusses der Massenwirkung der strömenden Gassäule in den Spülkanälen
1961, 58 Seiten, 6 Abb., DM 19,20

HEFT 982
Dr.-Ing. Werner Wilhelm, Aerodynamisches Institut der Technischen Hochschule Aachen
Die Wirkung von Auspuffrohren mit Blenden am Rohrende sowie diffusorartiger Auspuffleistungen auf den Ladungswechsel einer Einzylinder-Zweitakt-Vergasermaschine mit Kurbelkastenspülpumpe

HEFT 983

Prof. Dr.-Ing. Paul Hadlatsch †, Aerodynamisches Institut der Technischen Hochschule Aachen

Berechnung der Druckwellen in Brennstoff-einspritzsystemen und in hydraulischen Ventilsteuerungen

In Vorbereitung

HEFT 986

Dr.-Ing. Jameel Ahmad Khan, Aerodynamisches Institut der Technischen Hochschule Aachen

Untersuchungen zur instationären Strömung durch unstetige Querschnittsänderungen in Druckleitungen von Einspritzsystemen

In Vorbereitung

HEFT 987

Dr.-Ing. Wilhelm Bosch, Aerodynamisches Institut der Technischen Hochschule Aachen

Untersuchungen zur instationären reibenden Strömung in Druckleitungen von Einspritzsystemen

In Vorbereitung

HEFT 988

Dr.-Ing. Werner Wilhelm und Dipl.-Ing. Rudolf Jürgler, Aerodynamisches Institut der Technischen Hochschule Aachen

Nichtstationäre, eindimensionale und reibungsfreie Gasströmung schwach kompressibler Medien in Rohren mit einigen unstetigen Querschnittsänderungen

1961, 70 Seiten, 17 Abb., DM 21,50

HEFT 989

Dr.-Ing. Werner Wilhelm, Aerodynamisches Institut der Technischen Hochschule Aachen

Einfluß der Spülkanalabmessungen auf den Ladungswechsel kurbelkastengespülter Zweitaktmotoren

HEFT 1007

Prof. Dr.-Ing. H. Opitz, Dr.-Ing. Gottfried Stute, Laboratorium für Werkzeugmaschinen und Betriebslehre der Technischen Hochschule, Aachen

Untersuchung über den Einsatz der funkenerosiven Bearbeitung im Werkzeugbau

HEFT 1008

Prof. Dr.-Ing. H. Opitz, Dr.-Ing. P.-H. Brammertz, Laboratorium für Werkzeugmaschinen und Betriebslehre der Technischen Hochschule Aachen

Untersuchung der Ursachen für Form- und Maßfehler bei der Feinbearbeitung

HEFT 1011

Prof. Dr.-Ing. H. Opitz, Dr.-Ing. Günter Ostermann, Laboratorium für Werkzeugmaschinen und Betriebslehre der Technischen Hochschule Aachen

Untersuchung der Ursache des Werkzeugverschleißes

HEFT 1035

Dr.-Ing. Walter Rath, Lehrstuhl für Getriebelehre an der Technischen Hochschule Aachen

Massenkräfte in den Lagern sphärischer Getriebe

In Vorbereitung

Ein Gesamtverzeichnis der Forschungsberichte, die folgende Gebiete umfassen, kann bei Bedarf vom Verlag angefordert werden:
Acetylen / Schweißtechnik - Arbeitswissenschaft - Bau / Steine / Erden - Bergbau - Biologie - Chemie - Eisenverarbeitende Industrie - Elektrotechnik / Optik - Fahrzeugbau / Gasmotoren - Farbe / Papier / Photographie - Fertigung - Funktechnik / Astronomie - Gaswirtschaft - Hüttenwesen / Werkstoffkunde - Kunststoffe - Luftfahrt / Flugwissenschaften - Maschinenbau - Medizin / Pharmakologie / NE-Metalle - Physik - Schall / Ultraschall - Schiffahrt - Textiltechnik / Faserforschung / Wäschereiforschung - Turbinen - Verkehr - Wirtschaftswissenschaft.

GPSR Compliance

The European Union's (EU) General Product Safety Regulation (GPSR) is a set of rules that requires consumer products to be safe and our obligations to ensure this.

If you have any concerns about our products, you can contact us on ProductSafety@springernature.com

In case Publisher is established outside the EU, the EU authorized representative is:

Springer Nature Customer Service Center GmbH
Europaplatz 3
69115 Heidelberg, Germany

Batch number: 10585057

Printed by Printforce, the Netherlands